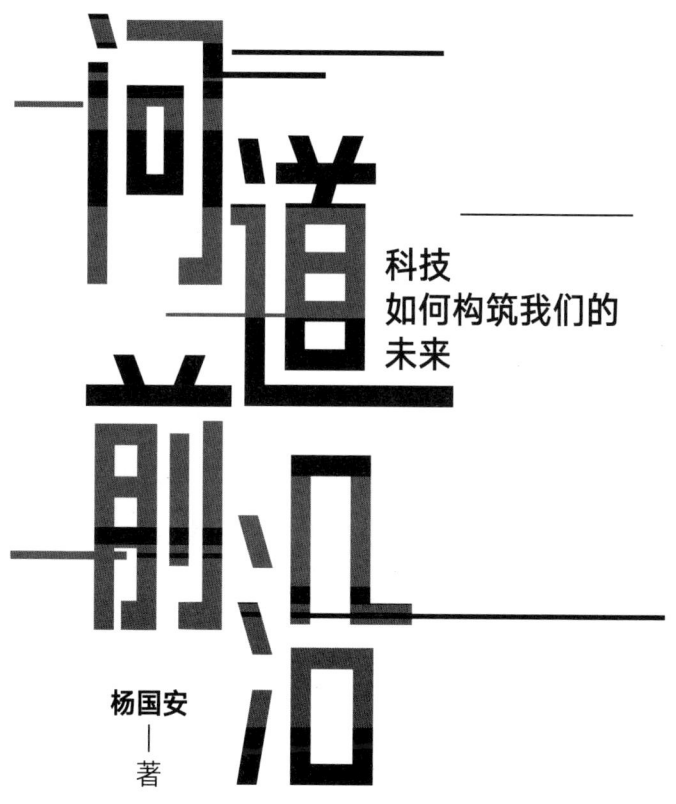

问道前沿

科技
如何构筑我们的
未来

杨国安
——著

中信出版集团 | 北京

图书在版编目（CIP）数据

问道前沿：科技如何构筑我们的未来 / 杨国安著. -- 北京：中信出版社，2023.9
ISBN 978-7-5217-5987-7

Ⅰ.①问… Ⅱ.①杨… Ⅲ.①科技发展－研究 Ⅳ.① G305

中国国家版本馆 CIP 数据核字 (2023) 第 162153 号

问道前沿——科技如何构筑我们的未来
著者： 杨国安
出版发行：中信出版集团股份有限公司
（北京市朝阳区东三环北路 27 号嘉铭中心　邮编　100020）
承印者： 北京诚信伟业印刷有限公司

开本：880mm×1230mm 1/32　　印张：10.5　　字数：246 千字
版次：2023 年 9 月第 1 版　　　　印次：2023 年 9 月第 1 次印刷
书号：ISBN 978-7-5217-5987-7
定价：68.00 元

版权所有·侵权必究
如有印刷、装订问题，本公司负责调换。
服务热线：400-600-8099
投稿邮箱：author@citicpub.com

目录

推荐序一
以科技之力铸造强国之基 薛其坤
IX

推荐序二
陪科学家长跑 马化腾
XV

前 言
至少,我们在为此做些事 杨国安
XIX

生命科学篇

破译生命密码，挽救人的生命　　　　　　　　　　　　　002

第 一 章　在纷繁复杂的大脑里，让神经元的工作变得"可见"　　007
　　　　　——李毓龙："探针王子"和脑神经"电话本"

第 二 章　调控细胞应激，是否可以延缓衰老及其相关疾病的发生？　028
　　　　　——刘颖：生命进化是精妙的过程

第 三 章　疾病的新突破，攻克"不可成药"困境　　　　　　　043
　　　　　——鲁伯埙：降解药物，一种攻克疾病新思路的诞生

第 四 章　探究蛋白质的奥秘，寻找攻克癌症的新路径　　　067
　　　　　——陈鹏：揭开生命的图景

第 五 章　谱系示踪技术，破译细胞的密码　　　　　　　　082
　　　　　——周斌：微观世界的细胞捕手

能源环境篇

更高效的能源，更清洁的世界　　　　　　　　　　　　　102

第六章　解决能源贫困，让无限阳光为人类文明服务　　106
　　　　——周欢萍：造一块最能"驯服太阳"的电池

第七章　助力"碳中和"，让人类拥有一个清洁的世界　　120
　　　　——马丁：用催化变魔术的人

第八章　提升催化效率，让氢能成为像电能一样的基础能源载体　138
　　　　——郭少军：实现氢能普及化的梦想

第九章　让温室气体"变废为宝"　　　　　　　　　　　150
　　　　——巩金龙：二氧化碳的资源化利用

第十章　建立空气质量模型，站在空气污染防治的前线　　165
　　　　——王书肖："治疗"空气的人

数智科技篇

建设数智技术，通往数字世界　　　　　　　　　　　192

第十一章　从人脸识别到"读心术"，让机器看懂世界　　197
　　　　　——山世光：世间一切尽在脸上

第十二章　用多少忆阻器，才能搭建出一个人类大脑？　223
　　　　　——杨玉超：站在混沌的边缘

第十三章　自旋芯片，"拯救"摩尔定律的一种可能　　243
　　　　　——赵巍胜：操控电子自旋的人

第十四章　在量子革命到来之前　　　　　　　　　　　264
　　　　　——陈宇翱：与"幽灵"共舞

第十五章　我们也许都将在数字世界里得到"永生"　　284
　　　　　——周昆：通往"数实共生"之路

致谢　　　　　　　　　　　　　　　　　　　　　　　303

推荐序一

以科技之力铸造强国之基

中国科学院院士、南方科技大学校长　薛其坤

在得知杨教授写了一本关于科学的书时,我感到有些惊讶。作为长期在企业中工作的高管,他为什么会倾注这么大的热情和精力关注科学?

这背后当然有企业高管的情怀动因,正如腾讯2018年设立"科学探索奖",2022年又推出了"新基石研究员项目",这都体现了腾讯作为一个企业对科学的热爱和崇尚,以及在科教兴国战略与民族复兴伟业中的责任与担当。

但落到个人,杨教授对科技工作的投入还是令我感慨,尤其是我读完书稿之后。本书记录了15个优秀青年科学家的故事,他们都是"科学探索奖"的获奖人,其潜力和成绩早已被学界

认可。而杨教授带领团队对他们的经历进行一番挖掘，让更多的读者得以了解科学的奥秘以及展望世界未来的样貌。

杨教授说这是一趟硬着头皮进行的科学之旅，但我从书中看到的更多是他不虚此行的激情。这本书从社会视角出发，描述科学家的研究和他们逐步成长为中国科学界中坚力量的历程，充分体现了科学家当下肩负着国家、时代和人类的使命。这也让身为一个科教工作者的我感到骄傲。

考验民族智慧的重大机遇

我是做实验物理的，在量子领域有些研究。

量子的概念，是 100 多年前德国科学家马克斯·普朗克提出来的。量子力学的建立使人类对世界的认识从宏观深入微观，是近 400 年现代科学发展史上的一个革命性飞跃。

在第一次量子革命期间，人们发现了一系列的量子效应和量子规律，并在此基础上发展了现代信息技术，塑造了我们现在的生活形态。到了 21 世纪，随着科学与技术的发展，我们对量子世界的理解更为深入和系统。在此基础上，我们逐渐实现了主动设计构建量子系统的跃迁，推动了如量子计算机、量子通信等第二代量子信息技术的发展。

目前，我们已经隐约看到以第二次量子革命为基础的第四次工业革命的轮廓。虽然中国目前在量子领域处于世界第一方阵，第二次量子革命还处于发展的初期阶段，道阻且长，但这将是我国几百年来第一次有能力、有基础全面介入和参与的一次技术革命，是中华民族在伟大复兴进程中的一次重大机遇。我认为，这既是一次重大机遇，也是对中华民族智慧的大考，科学家更是责无旁贷。

科学家的品质

靠什么抓住这个历史机遇？

我想，本书中科学家的研究历程很好地给出了答案。基于我的亲身经历，我认为，在科学研究取得突破的过程中，有三个方面是必要的。

第一，必须经历过良好的科学训练，具备扎实的理论基础，对相关学科的知识融会贯通，对专业实验技术、仪器和方法的驾驭炉火纯青。

第二，必须具备探究自然奥妙的强大兴趣和解决问题的强大愿望，必须具备敢于挑战权威的勇气，百折不挠、追求极致。

第三，科学家要胸怀祖国。只有抱着献身祖国建设的远大理想，才能做出推动社会发展，甚至改变国家、改变世界的伟大成果。

当年，我们进行的量子反常霍尔效应实验需要强大的人力、物力、财力作为支撑。改革开放之初，我们国家没有经济条件支持重大科学研究，那时，即便有非常好的想法思路，也没有条件做出重大的成果。现在，因为国家的强大，科技生态的不断优化，我们才有机会赶上重要效应的发现。

书中 15 位科学家的故事，也同样在复刻我们的这一经历。

他们既聪明又勤勉，他们大胆假设又谨慎论证，他们从前辈身上汲取力量又不惧挑战权威，他们在抓住了时代机遇的同时，也在为中国科学的未来蓄能，为人类的明天创造着更多的可能性。

路在何方

　　杨教授谈道，这趟难度系数很大的科学旅程，驱动力之一，是焦虑，对自身和人类处境的焦虑。

　　是的，一个做企业的人对科学感兴趣，说明科学已经成为当今社会发展的根本驱动力之一。这是科学之幸，也是科学之责。

　　比如能源环境问题。如今科学家要用几十年的时间做到地球几亿年做成的事——寻找化石能源的替代品。按照目前的发展水平和用量，石油和天然气估计将在 50 年后耗尽。如果半个世纪后，我们的化石能源用光了，我们能找到新的能源支持现代工业和技术吗？

　　人类社会花了 200 年的时间实现了三次工业革命，为了保持当前的工业发展成果，我们不得不在化石能源枯竭之前找到解决方案。这一艰巨的任务，需要全球的科学家、工程师、企业家联合起来才能完成。这也是我乐见杨教授这趟科学之旅的更深层的原因。

　　科学家为世界带来新知，其他领域的智识也在滋养科学。我常建议科学家要有务实精神，要学习经济学，了解人类社会发展的需要。科学的发展离不开商业的力量，对科学家来说，提供成本可行的技术解决方案，使得在实验室里得到验证的成果最终能被市场接受，这也是一种科学价值的创造。说到底，科学研究和商业管理有异曲同工之处，那便是对资源进行创造性的"整合"，发现"价值"，提升"价值"。杨教授对科学的发问和探寻，同样也在丰富科学家创造价值的角度，为科学界带来启发。

目前，世界正经历百年未有之大变局，中华民族伟大复兴的根本在于我们能否真正实现高水平科技自立自强，在于中华民族能否涌现出更多书中这样的优秀青年科学家和如腾讯一样的优秀企业。我再次诚挚地向大家推荐这本书，期待更多的社会力量关心科学事业，为科学昌明带来更多力量，以科技之力铸造强国之基。

推荐序二

陪科学家长跑

腾讯公司董事会主席兼CEO、腾讯基金会发起人　马化腾

当看到杨国安教授的新书《问道前沿：科技如何构筑我们的未来》时，我感到，书中的思考与探索来得正当其时。

新一轮科技革命和产业变革正在深入发展。新能源科技已成席卷之势，ChatGPT正引发一轮人工智能变革……对于翘望未来的人们，我相信杨教授在书中展现的未来感一定会激起他们极大的阅读兴趣。

书中聚焦三大核心议题，生命科学、能源环境以及数智科技，虽然写的是基础科研的探索前沿，却无一不和我们生活的未来息息相关。

鲁伯埙教授研究"亨廷顿病"独创性的攻克思路，似乎让我看到阿尔茨海默病等顽疾在未来得以治愈的希望；而赵巍胜教

授的自旋芯片，也许将"拯救"摩尔定律，为人工智能时代提供强大的算力基础；巩金龙教授研究的"人工树叶"假如能够应用，引发全球变暖危机的二氧化碳将变为社会财富。同样的，书中还有周昆教授"数字永生"的设想，杨玉超教授类脑计算的雄心……

这本书以科学家的视角展开，让我们得以在探寻未来的同时，也看到科学思考和行动的轨迹。科学家是知识发现者、真理探索者，也是世界改造者。如果说科学家的研究塑造着我们的世界，那么他们的梦想，可以说映射着未来世界可能的模样。

本书很打动我的一点是，每位科学家虽专注于科研，但谈及梦想，都心系人类福祉。周斌教授面对无解的问题，转向基础科研寻求答案，他最大的梦想是彻底治愈心衰的病人。陈鹏教授期待他的癌症免疫治疗研究，最终让抗癌就像今天去药店买抗生素一样简单。研究数智科技的科学家们不仅希望带来产业变革，而且同样关注变革可能带来的社会问题，譬如山世光教授思考着如何打造安全、可信赖、为人类造福的AI（人工智能）；而那些专注于能源环境的科学家，他们的梦想中，有碳中和的美好愿景，有一个清洁富足的能源世界。

对科学家来说，这是一条艰辛又充满发现的道路。他们满怀热忱地投入其中。展望未来，不少科学家希望能够站在世界科学的前沿，引领潮流。这也让我充满信心，未来将有越来越多来自中国的智慧，为拓展人类认知边界做出贡献。

在当下，中国正在加速建设世界科技强国。纵观全球，科技的发展也呈现出明显的加速特征，一个领域的突破往往引发多个领域的爆炸式进步，人工智能如此，基因技术、新材料技术等更是这样。科技进步带来的社会变化是巨大的，它改变人的观念，引发产业的变革，带来经济的繁荣——我们知道，牛顿力学和麦克斯韦电磁方程组分别引发了第一、二次工业革命，量子力学等则催生了以现代信息技术为代表的第三次产业变革。可以说，科学使我们加速奔向未来。当今世界正经历"百年未有之大变局"，身处新一轮科技与产业革命中，我们更深切地感受到，提升科学技术的原始创新能力，对中国新发展格局下的高质量发展意义非凡。

另一方面，人类需求的强烈呼唤也在牵引科技的发展。譬如有可能左右全人类命运的全球变暖，正频繁引发生态灾难，而最能遏制它的力量，正是科技带来的新能源转型。

立足于国家与社会不断前进的现实需要，放眼人类可持续发展，我们深深感受到，一家科技企业对于基础科研的长远发展，是需要有使命感与责任感的。

5 年前，杨振宁、饶毅、施一公、潘建伟等 14 位科学家和我们一同发起了"科学探索奖"，就是希望为青年科学家提供支持，鼓励他们探索科学"无人区"。5 年来，"科学探索奖"一共资助了 248 位青年科学家。我们很高兴地看到，获奖人的工作体现出极高的"含金量"，有多个研究成果入选年度"中国十大科学进展"。

杨教授访谈的 15 位科学家，都是"科学探索奖"的获奖人。某种程度上，他们代表了中国顶尖青年科学家的状态——日积跬步又心怀远大，将对人类的关怀化作科研的动力。这样的科学家群体，理应得到更多的关注和支持。

在陪伴科学家长跑的过程中，我们得以更深入地理解科学的意义，理解原始创新往往诞生于非功利的自由探索。

未来的 10~20 年，是中国科技发展的关键时期。从量的积累迈向质的飞跃，离不开基础科研"从零到一"的突破。为此，"新基石研究员项目"应运而生，以支持一批杰出科学家潜心进行基础研究、聚焦原始创新。我们深知，自由探索风险高、周期长，但这样的探索万分必要。

除了成为科学家探索道路上坚定的陪伴者，我们也在思索，如何投入"AI for Science"（科学智能）的浪潮，助推新一轮科研范式的变革。

这样的科技进程，对我们生活的影响将是全方位的，除了带来福祉，也将极大地冲击我们的观念，还可能带来新的隐忧和阵痛。正如书中不少科学家也在思考的科技伦理、AI 治理等问题，我们需要始终践行科技向善，以关心人与社会的人文价值为参照，并形成广泛的共识，协作与行动，真正推动社会可持续发展。

阅读本书，也是凝视未来的过程，难免会有许多感慨。我们的文明史仅有几千年，所在的这个小小星球，不过是宇宙间的一粒微尘，假如没有地球，宇宙仍将运转如常。但就在这样一颗蓝色星球上，人类却能够仰观宇宙之宏大、探寻物质之幽微，在科学的地基上构筑起文明。

我们凭借的，是旺盛的好奇心，是探索未知的勇气。

前言

至少,我们在为此做些事

文 | 杨国安

这次与基础研究科学家的探讨使我发现,之前很多企业基于现有技术的研发管理,不能完全适用于前沿科技的探索,因此必须赋予这些科学家更高的自主性,更多地尊重他们的专业性,以及更加包容失败的可能性。另外,有些技术或发明,即使实验证明有效,也发表了世界顶级文章,但距离产业化、商业化依旧很遥远。如果科学家能够连接到负责任的企业家和有眼光的投资者,那么科研服务世界和人类的概率及效率就会大大提升。

踏上这趟科学之旅

我的姐姐患有帕金森病，对于此病，没有什么太有效的药物，她只能以运动复健来维持身体的机能，尽量减缓病情的发展。她的神志清醒，但身体不受控，生活中多有无奈。

我和姐姐很亲近。这种神经退行性疾病对人生存质量的蚕食每天都在缓慢发生：她对生活的热情随着时间的推移和病情的发展，逐渐消退；她逐渐放弃了旅行作为生活内容的选项，甚至不那么爱出门了。这些我都看在眼里。我问过许多医生，知道这几乎是无解的。我时常为姐姐感到难过，同时也会焦虑，相近的基因是否也会在未来把我拖入这个疾病的泥潭？

这是我们生活所面临的境况。物质生活的改善让人的寿命越来越长，但如果疾病袭来，尤其是那些科学尚无法解释或者应对的疾病找上你，那么寿命便只剩下一个时间概念，没有质量和快乐可言。而更让人焦虑的是，我们赖以生存的环境，也正在逐步陷入"疾病"。这些年，我去了全球许多地方，所到之处人们无不在讨论气候变暖、缺水、新的疾病……面对这些几乎不可逆的变化，我们的下一代应该怎么办？来自世界各地的人都在寻找解法，我也思索良久，我想最关键的密钥就藏在科学之中。

我女儿是生命科学方向的博士，她研究基因，也研究免疫，我常感叹神奇，但无法与她深入交流，她们的专业壁垒实在太高了。

我个人不是理工科出身的，但我对于科技改变世界这个信念坚定不移，对未来 10 年、20 年甚至更长时间，科技会带我们去向哪里，还是非常好奇的。但对于科学论文，我不敢轻言看懂，不过腾讯多年来资助的"科学探索奖"获奖者中,有一批前沿的、顶尖的中国青年科学家,我何不跟他们交流?如果我跟他们进行对话、学习和碰撞,会发生什么?

当然,我不否认这里有我的一点私心。对女儿工作的好奇、期待更多理解,对姐姐乃至自己未来生活质量的焦虑,都是使我出发踏上这趟科学之旅的动力。

基础科学是发展的路标

踏上这趟科学之旅,背后有着生活和事业经历,个人与国家、时代的多重因素。就很多个人而言,它是勇敢且必要的。

产业界人士始终对基础科技突破保持着高度敏感,因为其中可能孕育着全新的产业机遇。最近 Open AI 在通用人工智能的突破,埃隆·马斯克对航天科技、脑机互动、高速交通等的探索,都是很好的例子。

中国企业界的领军人物,同样非常关注基础科学的研究和产业应用的可能性。2021 年 10 月,王小川在卸任搜狗 CEO(首席执行官)时说:"往后 20 年,我希望为生命科学和医学的发展尽一份力。"

拼多多创始人黄峥在 2021 年发给股东的信中也表达了他"退休"后的打算:"想去做一些食品科学和生命科学领域的研究。"

2017 年 1 月,由清华大学五道口金融学院联合美国麻省理工学院斯隆管理学院特别打造的"科学企业家"成长计划正式启动,五十余位上市公司及行业领军企业的董事长、产业投资人成为首期项目学员,他们的第一课是:什么是科学?

产业界关心科学也跟大环境必然相关。

英特尔联合创始人安迪·格鲁夫(Andy Grove)总结过"尾灯理论",即"在雾中驾驶时,跟着前车的尾灯灯光行路会容易很多。但'尾灯'战略的危险在于,一旦赶上并超过了前车,就没有尾灯可以为你导航,你就容易失去找到新方向的信心与能力",这用以说明"做一个追随者是没有前途的"。

对一个国家而言,基础科学的投入和发展,绝对影响其未来中长期的竞争力。中国经过几十年的改革开放,经济发展从低廉劳动驱动到投资驱动,从早期的技术模仿和改良的"跟跑者",到今天已经有实力可以探索前沿科技和基础科学,未来经济发展必须更多靠科技创新驱动,这是确保中长期国家安全和产业竞争力的基础。随着"跑者"们的身位逐渐缩小,中国在很多领域已经与世界先进水平并驾齐驱,甚至部分领跑。领跑者面临的问题,是航灯,是启明星,是指向未来的路标。

科学就是那个路标。

2016年,任正非用"华为已前进在迷航中"来形容公司当时的状态。信息科技飞速发展,硬件设施的能力已碰触到天花板,香农定理逼近极限,摩尔定律面临失效,如果没有基础理论的供养,产业的发展可能枯竭。

在腾讯,技术创新也成为发展的核心驱动,它大力布局前沿探索,近5年在科研上的投入总计超过2200亿元。同时,腾讯也先后投入10亿元和100亿元,发起"科学探索奖"和"新基石研究员项目",希望助力国家基础研究的长远发展。

人们是擅长回头看的。如今我们的"智慧生活"所依靠的关键技术，其理论基础早在 20 世纪中叶就夯实了。从基础科学到技术引爆、生产方式变革、增长逻辑演变，几十年来人们以切实的生活状态的剧变，证明着科学的意义。

自我出生以来，基础科学经历了大概半个世纪的平稳发展。而现在，它似乎又逐渐显露出爆发的态势，近年，不管是生命科学、材料科学，还是清洁能源、人工智能等领域都出现了突破性发展，这是一个让人非常兴奋的年代。加上不同领域的交叉应用，让人类看到和了解很多以前不能了解的现象和奇妙事情。

无穷的清洁能源、攻克癌症、数字永生……科学的发展启发着我们对未来的想象，应对着人类命运的共同难题，既关乎人类福祉，同时也深刻影响着我们的生活和生产方式。

"我是谁""我在哪""我将去往何处"

在产生与科学家对话的想法后不久，我就锚定了三个最感兴趣的领域：生命科学、能源环境、数智科技。

我长期在腾讯担任高级管理顾问，对数智科技的发展比较关注，包括算力〔如 GPU（图形处理器）芯片、量子计算〕、算法（如通用人工智能，即 AGI）、交互〔如 AR/VR（增强现实/虚拟现实）〕、孪生（如模拟、渲染）、区块链、机器人等。我深信，数智科技的突破，必能推动产业升级、改变用户体验，带来生活、生产方式的变革。这些科技对生命科学的发现、药物的开发、智能制造、清洁能源的储存和供需、吃喝玩乐的消费体验，都会带来巨大改变。对我来说，数智科技作为一个横向领域，是赋能各类基础研究和产业升级的基础工具。

其他两个垂直科学领域是我个人比较关心的，一个是关于people（生命科学），一个是关于planet（能源环境），这两方面都影响人类共同的命运。

在生命科学方面，我关心如何通过早筛、早诊、早干预疾病（包括精神健康），为人类健康和幸福打下基础。生命科学的研究对象的形态如此之小，比如细胞、蛋白、基因，力量却深不可测，我们要探究它们之间如何联动。希望随着科学家们对微小生物单元的深入了解，能给很多目前无法治疗的疾病带来更多精准诊断和治疗的方案，提高病人康复率，同时减少医疗资源的浪费。

在能源环境方面，我关心如何通过清洁能源（如氢、太阳能等）的使用，减少对环境的破坏（气候变化、污染排放），确保国家能源安全，这是另外一个解决人类和国家难题的关键。但清洁能源的发电、储存、运输、使用，都面临着很多如催化成本（如氢转为液体又转为气体的成本）、安全运输，以及最优化的能源供需平衡问题。

两个垂直领域、一个横向领域，我挑选的这三个领域背后，是"我是谁""我在哪""我将去往何处"这三个终极问题。同时，这些前沿领域的突破，又有着非常大的可能性，它们将构筑起我们未来生活的形态。这三个学科是我们以创新目光和未来视野思考当下的非常强有力的抓手，它们离我们既遥远，又切近。

必须做的事

我与三个领域的共 15 位科学家进行了深入的交流，感谢他们的耐心。他们用深入浅出的方式，与我这个"门外汉"对话，给了我很多情感上的触动和思维上的启发。

在我们的采访中，科学家们多少会讲起他们被触动的瞬间。周欢萍记得，她小时候是在一盏昏暗的煤油灯下学习的，所以她希望能在能源领域做出贡献，让世界任何一个角落的孩子，都能在明亮的灯光下读书。她做研究时勤奋到几乎从来不请假，胳膊脱臼了也还是习惯性地出现在了实验室，因为工作还等着她。

王书肖记得的，是高中时家乡水沟里的污水，是患癌症的人们，这些刺激了她，让她想要改变。怀揣着这样的理想，她在怀着身孕的情况下，舍弃哈佛的教职，回到当时雾霾频发的中国。

而郭少军记得的，是大学时代，两位导师大年三十因为沉迷工作被锁在了实验楼里，那给他一种强大的精神动力。

一年多来陆陆续续的访谈，让我看到了这些前沿领域的科学家，他们内心赤诚，既聪明又勇敢；我从他们所研究的问题里，看到了他们对真理的探寻——怎样深一脚浅一脚地推进。在这些问题的深处，我们可以窥见国家命运的影响因子和人类奥秘的自我求索。

这批年轻的科学家，在海外求学和研究时都取得了不俗的成就，已经在发达国家的学术界站稳脚跟，有着可以预见的光明未来，但他们毅然选择放弃，回到祖国从头开始。他们诚挚的家国情怀，让我深感共鸣——我当年正是被四个现代化的使命召唤回国的。

刚回国时，陈鹏所在的化学生物学领域在国内还处于起步阶段，而国际上这个前沿交叉学科已经蓬勃发展起来了。陈鹏这一辈有着国际视野的年轻化学生物学家的归来，助力了中国在该领域的追赶甚至领跑。

这样基础又前沿的研究，无异于一场孤独而勇敢的冒险，在生命科学领域尤其如此。科学家必须忍受花了 5 年、10 年的精力，换来的可能是一事无成。他们的坚韧精神，让我佩服。

陈鹏使用生物正交反应观察蛋白的变化，但一直没法找到应用场景。直到有一天，研究化学探针的邹鹏，在使用探针给大脑的神经信号进行标记时，也碰上了瓶颈，结果两人一拍即合，共同开发了一系列可以给蛋白进行荧光标记的探针。2021 年，这一成果发表在《自然–化学》期刊上。

而被称为"探针王子"的李毓龙，在研究神经递质荧光探针初期，他 5 年没能发表一篇论文，他的领导和学生多有忧虑。他对研究有着恒久的信念感，漫长的时光和无以计数的实验失败都未曾令其消沉。这样的坚韧不会被辜负，它在科学上的"回报"，无可估量。"探针王子"为神经科学界搭建起一套工具体系，惠及行业，福泽未来。

随着了解的深入，我越发感到，生命科学就像星海，璀璨辽阔，但未知茫茫。这些科学家面对着无垠的星际，要找到路，往往需要从修路的基建做起，也必然得有"功成不必在我"的胸怀，勇于另类思考，为科学世界带来全新贡献。

周斌利用双同源重组的方法追踪细胞命运，这比过往研究中使用的单同源重组复杂得多，但得到的结论也更准确，更可靠，这是他所追求的。而鲁伯埙创造性地以细胞自噬 ATTEC（自噬小体绑定化合物）技术，尝试解决亨廷顿病等神经退行性疾病，更是让我心有戚戚。

我们产业界常说，互联网一年，医药公司 20 年。试图解答生命疑问和困境的研究，都是遥远的事，但又是必须做的事。世界需要这些科学家。

至少，我们在为此做些事

虽然隔行如隔山，但这趟科学之旅对我个人的启发也是巨大的。

我个人专注组织管理，过去多年看到很多企业都是致力于寻找客户痛点或尚未被满足的需求，利用成熟科技创新产品和服务，为客户创造更大的价值。我称之为"客户驱动的创新"，团队的任务是基于已经成熟的科技能力，洞察痛点，所以产品开发和创新都是在比较确定的环境下进行的。

而科学家们的创新，是科学本身驱动的，即现在的人还没有察觉到，但科学家们的眼里装着这些人类的难题，这种创新需要的是更根本的科研突破，也就是基础研究常说的"原始创新"，往往是在科研上有了成果之后才会考虑应用场景，因此不确定性相当高。少数人走在前面，承担着试错成本，普及应用是漫漫长路，这与一般的企业管理逻辑很不一样，但企业愿意也需要支持这种根本意义上的创新，那么具体应该怎么做？

这次与基础研究科学家的探讨，使我发现，之前很多企业基于现有技术的研发管理，不能完全适用于前沿科技的探索，因此必须赋予这些科学家更高的自主性，更多地尊重他们的专业性（因为上级很可能也不明白他们在做什么），以及更加包容失败的可能性。另外，有些技术，即使实验证明有效，也发表了世界顶级文章，但距离产业化、商业化依旧有漫长的路。如果科学家能够连接到负责任的企业家和有眼光的投资者，那么科研服务世界和人类的概率及效率就会大大提升。

当然，在个人研究方面，看到这些科学家的使命驱动、专注、冒险、不放弃的精神，我也很受鼓舞。想在自己专业的领域有所突破，必须十年磨一剑，寻找全新的思维模式永远没有止境。

至于个人和人类的未来，在访谈结束后，我保持着既悲观又乐观的态度。"命运"是个宏大的概念，影响因素太多，疾病受到成人人体 40 万亿 ~ 60 万亿个细胞的影响，气候变化受到全球所有国家、物种、资源的影响，但总有一种谨慎的乐观蕴含其中：至少我们在努力，包括中国科学家在内的所有智识力量，以求真的精神、可持续的理念与对人类命运共同体的责任感，正在做一些事，我们都在很积极地投入我们的人生。

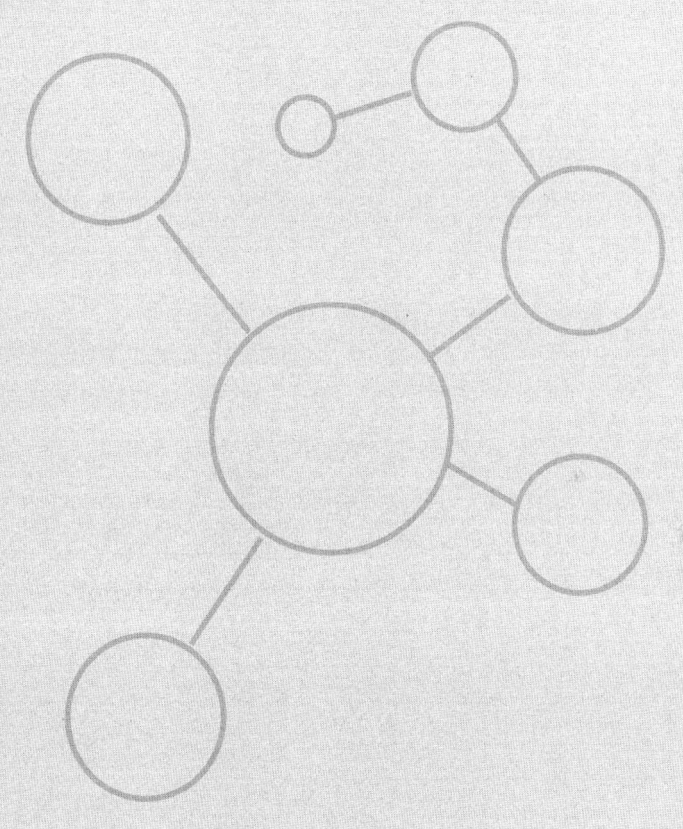

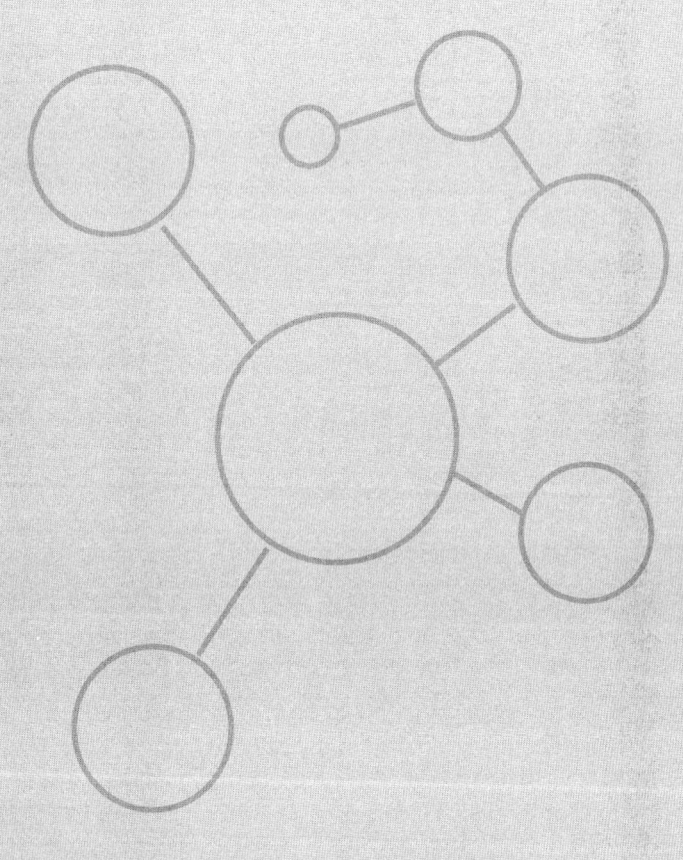

生命科学篇

破译生命密码，挽救人的生命

生命科学的奇妙之处在于，它与每个人都相关。那些一开始只有生物学家所能理解的前沿概念——DNA（脱氧核糖核酸）双螺旋结构、分子胶水、基因编辑与敲除——最终会进入很多普通人的日常生活，成为人人口耳相传的常识。你会看到诊室门口的病人们热络地讨论着彼此的基因检测结果，他们未见得研读过生物学专业，但他们中的不少人已经能看懂关键节点，知道哪些点位意味着遗传，懂得不同靶点有哪些相关药物，他们还会关注生物学术期刊里的每一篇新论文，有时候心急的人甚至直接写信给生物学家，催促他们的实验进度。

在生命科学领域，驱动学科发展的动力不只是新知、成就、人类好奇心，还有切切实实的求生欲。光遗传学、线粒体、细胞谱系示踪、细胞自噬、不可成药靶点、小分子药物、免疫治疗，这些专业术语背后是生命科学研究者的兴趣所在，更是另一群人的希望寄托。

一代又一代的全球科学家致力于将人类对于生命的理解不断推进，分子生物学先驱们用当时先进的 X 射线衍射技术确定了 DNA 结构，随着时间推移，他们发明了更新的工具探测出细胞内部更精细的运作方式，由此涌现出的基因组学则在当时先进的计算机技术的帮助下，绘制出人类基因组的一幅地图，还创造了一套工具，对地球上所有物种的 DNA 和 RNA（核糖核酸）序列开展高精度的分析。基于此，越来越多的科学家投入了生命研究，以揭示疾病背后复杂的遗传性基础。这是一场漫长的旅行，充满危险和阻力，却依然持续有人投身其中，为了对抗生命的脆弱而竭尽全力。

在过去的几年间，中国的生命科学学者推动着这项造福全人类的共同事业继续前进，其中不乏佼佼者，他们的贡献直接或间接地昭示了一种前进的希望。本部分将会逐一展示这些振奋人心的新发现。

科学家在基础研究领域不断取得突破，从微观世界出发，寻找理解生命的新突破点。

科学家周斌的着眼点在细胞层面，他的工作是为现代生物医学研究"打开一扇窗"。他所致力研究的谱系示踪技术能够有效帮助更多研究者认识细胞、理解细胞，这样的基础性技术创新可以为众多研究领域提供重要工具支撑，推动实现重大突破，能为将来通过调控细胞命运来治疗疾病创造可能，也为组织器官的修复再生提供潜在的治疗靶点。

科学家刘颖长期关注细胞对能量和营养物质信息的感应机制，发现了参与这些过程的新基因和新机制，揭示了它们对衰老和癌症等生理病理过程的影响。这些生命科学领域的新知为人类对抗疾病提供了理论武器，她的成果将有可能为衰老相关的疾病治疗提供靶向基因，未来也可能为人类理解衰老和代谢相关疾病提供理论指导。

脑神经科学家李毓龙提供了最新的生物学可视化工具，他和他的团队在国际上首次开发出了新型可遗传编码的神经递质荧光探针。这是一种研究大脑的新工具，基于来自深海的荧光蛋白，以光学方法监测神经化学分子，进而帮助研究者更直观地看到大脑是如何处理信息的，这项研究对于未来解决脑神经疾病有直接的指导意义。

还有一些突破着眼于更具体的致病源。研究者陈鹏提出的"蛋白质瞬时原位激活技术"，是一项直接针对致癌根源的研究路径，通过原位激活蛋白质的功能活性，有望揭示导致癌变的蛋白质的作用机制，以此开发抑制癌细胞的新策略。

研究者鲁伯埙则是从细胞自噬的理论中得到灵感，设计并发现了"小分子胶水 ATTEC"，驾驭自噬机制选择性降解致病蛋白或其他有害物质，对抗疾病。这些新技术一旦能成功从实验室走入临床，不仅可以应用于清除内脏脂肪、毒性蛋白等，也可能通过作用于更多更广泛影响人类健康的致病蛋白来消灭癌细胞或拯救死亡萎缩中的神经元，因而在未来有可能为癌症治疗提供全新的药物，也让目前仍是无药可救的阿尔茨海默病等神经退行性疾病得到根本性治疗。

这也正是这些科学家的共同目标——不管是致力于理论研究还是新技术研发，他们的终极任务都是终结疾病的发生，延续人类的生命。

这是新一代中国生命科学家的故事，也是属于未来的故事。生物学漫长的研究历程向我们证明了一个学科共性：归根结底，生命科学是一项与时间作战的事业。疾病的降临像是陷入漫漫黑夜，曙光最初只在实验室里闪现，只有走在最前沿的研究者才能看得到，他们和时间赛跑，前赴后继地传递着希望，直到这束代表希望的曙光，照亮每一个普通人。

只有身处其中的人才能明白，生命科学前进的道路布满荆棘，原因在于他们的对手是复杂的生命，与迄今仍不为人彻底参透奥义的疾病。在本篇中，科学家们不约而同地提到了他们探索路上所面临的困顿、挫折甚至挣扎。生命科学研究并不总是一路坦途，连最有名的肿瘤学家温伯格都曾坦言，他一生的研究是反复的挫败，一次次看到曙光，又再度陷入暗淡。

所幸的是，人类终究仍在前进，总有怀抱着理想的科学家在这里坚持，使得这个领域仍在源源不断地涌现新的成果，让一代又一代的人们听到希望的号角。接下来所记录的是生物学家们在这个时代所达成的最前沿成果，但或早或晚，它们终将益于我们每一个人。写在生命科学历史里的每一次进步，都将是与我们所有人相关的故事。

第一章
在纷繁复杂的大脑里，
让神经元的工作变得"可见"

李毓龙

"探针王子"和脑神经"电话本"

生物的大脑里有数百亿神经元、数万亿突触，它们在昼夜不停地变化、运转、传递信息，于是生物有了感觉，可以决策，也可以运动。但是，人类对大脑的运转逻辑所知甚少。如何让神经细胞的工作变得"可见"？脑神经科学家李毓龙和他的团队一直致力于此。

他们的秘密武器是让神经化学分子发光——在国际上首次开发出了新型可遗传编码的一系列神经递质荧光探针，基于来自深海的荧光蛋白，以光学方法监测神经化学分子。

这能让人类以极高的时空分辨率监测具有不同功能的神经元群的活动，也能让更多的神经生物学家用简单有效的方法分析神经局部环路中复杂的突触的活动，解析大脑精巧的结构与功能的关系。

打开大脑"电话本"

对于自己从事的领域，脑神经科学家李毓龙打了个比方：大脑像一个巨大的、复杂的电话本，里面记载着无数个"电话号码"——数十亿的神经元，数万亿的突触。不同种类的神经元之间通过突触互相"打电话"——信息交流运转起来，生物才拥有了知觉、决策和运动等高级神经功能。

这个信息网络是如何运转的？这个问题一直困扰着科学家们。换句话说，谁和谁在打电话？什么时候打？谁打得多？它们在电话中下达了什么指令？它们之间是什么关系？人类对此所知甚少，甚至很多时候一无所知。

这让人对"人"有了新的理解：对眼前的那个人，我们能看到他精致的五官、妥帖的发型，能看到爱憎和喜怒，但再进一步，为什么他得了偏头痛而另一个人没有？为什么爱情和运动能让他快乐？他的情绪和情感来自哪里？他的"意识"和"思想"到底是什么……

所谓"意识"，似乎难以捉摸，即便一些实验发现了某些负责通信的信号分子——神经递质的功能，但对其背后的机制我们仍然不甚了了。李毓龙举了一个来自临床的案例：在医学领域，多巴胺被公认为是重要的神经化学分子，它和运动震颤相关，比如，为了治疗帕金森病，可以使用药物增加多巴胺，从而缓解症状。可接下来的事情超出了所有人的想象：病人在服用药物后，运动震颤有所改善，却突然开始喜欢赌博了——多巴胺对"成瘾"和"奖赏"也会产生影响。

神经细胞的变化看不见、摸不着，想要了解、研究、控制它们，首先要"看到"它们，看到它们在哪儿，看到它们如何处理信息。在过去的十几年里，李毓龙一直致力于此。他使用基因编码的神经递质"探针"窥探脑神经的通信机密，一个又一个神龙见首不见尾的神经通信信息，逐渐以清晰的面孔，展露于研究者的眼前。

李毓龙团队发明的第一个探针是多巴胺探针。

多巴胺恐怕是大众最熟悉的神经递质了，它被视为"快乐""幸福"的代名词。既有的研究都表明，多巴胺非常重要，它会参与奖赏和学习。对科学家来说，对多巴胺的研究充满诱惑和挑战。

不过，在高速处理信息的大脑中，在上百亿的神经元和上万亿的突触中，想要监测细胞和细胞进行信息传递时是否有多巴胺的释放，是一件非常困难的事。和所有神经化学分子一样，它发生动态变化的时间和空间对人类来说充满未知。

传统的检测方法是通过微透析技术，即将一根探头插入大脑，再将生理溶液等透析液灌注进去，灌注液将大脑中的脑脊液或者细胞外含有神经化学分子的液体带出来，最后，科学家通过足够灵敏的化学方法检测里面"到底有什么"，多巴胺便是这样被检测出来的。

这种检测方法很经典，用了几十年，但它有很大的局限性：一是微透析探头通常较粗，对组织和细胞有一定的损伤性；二是检测速度较慢，往往要 5~10 分钟完成一次采样，而大脑在处理信息的时候像拍电影一样,例如多巴胺能让人产生幸福感,这样的感受很可能转瞬即逝,需要实时监测。

李毓龙团队想发明出新的工具,这种工具既能降低损伤,又能实现实时监测。

首先要利用人脑中能够识别多巴胺的感受蛋白,也叫"受体",在遇见多巴胺之后,它会发生构象变化。在科学界,这是已知的,但未知的是,它们的变形是我们看不见、摸不着的。

李毓龙设想:能不能让受体蛋白一发生构象变化就发光?这样就可以把多巴胺记录下来了。

早在20世纪60年代,日本科学家就发现了水母中有荧光蛋白,于是,"光"有了。但紧接着新的问题来了:水母里的荧光蛋白和多巴胺的感受蛋白这两位,上亿年、上十亿年都没见过面,凭什么让一个去调节另一个呢?凭什么一个构象变化,另一个就要发光呢?

李毓龙想了很多办法。水母里的荧光蛋白发光时有个"灯芯",所以大家开始思考如何让灯芯更容易地感受到多巴胺感受蛋白的构象变化。李毓龙比喻说,就像是一个灯笼的灯芯,它平时可能是暗的,但如果安装一个灯罩,挡住风,拢住光,就能让灯芯更亮。花了很多工夫之后,他们成功地完成了"灯罩"的工作,由此实现:多巴胺分泌——感受蛋白识别到——感受蛋白变形——荧光蛋白变得更亮。

这就是多巴胺探针。

接下来就是将探针应用到动物实验中。基于之前的研究,李毓龙团队和合作者找到控制小鼠"学习"和"成瘾"的脑区,将荧光探针表达其中,通过直径200微米左右的光纤进行记录——当小鼠分泌多巴胺的时候，探针会发出更强的绿光。

之后的实验是对小鼠进行行为训练。李毓龙团队和合作者事先准备了三种不同声调的声音并依次播放给小鼠。播放第一种声音之后，实验者什么也不做；播放第二种声音后，紧接着给小鼠喝糖水；播放第三种声音后，对着小鼠眼睛吹气。

同一只小鼠，经过七天这样的训练，便开始有了学习和记忆能力。这时候，它大脑里的"探针"一直处于工作状态，其他设备也在实时监测它的发光情况。当播放第一种声音时，小鼠体内的多巴胺没有变化，荧光一如往常；播放第二种声音但没有给它喝糖水，小鼠条件反射般地感受到"奖赏"，荧光变亮；播放第三种声音但没有对它吹气，小鼠又条件反射般地感受到"惩罚"，荧光变暗。

那个看不见、摸不着的脑神经世界里错综复杂的联络，第一次有了即时、清晰地呈现在人类面前的可能性。李毓龙把这称为对小鼠的"读心术"。

巴甫洛夫条件反射 100 多年了，依旧有很多未知

有了第一个突破之后，"探针王子"希望把大脑"电话本"掀开更多页。李毓龙说，大自然的演化也是同样的道理，讲究"modular design"（模块化设计），借助类似的方法实现更迭、变种。

在多巴胺等探针之后，李毓龙的下一个目标对准了五羟色胺探针。二者虽然是不同的神经化学分子，但它们的感受蛋白同属于一大家族的基蛋白，"像兄弟一样"。李毓龙猜想，五羟色胺探

针应该能用类似的手段构建出来。

五羟色胺是一种重要的单胺类神经递质，对进食、睡眠、学习记忆、情绪、社交等行为的调控有重要作用，人类对它的功能和机制同样所知甚少。因为有多巴胺探针的成功作为铺垫，李毓龙原本对五羟色胺的探索颇有信心。

没想到挫折来得很快。投入研究后，李毓龙和团队同学才意识到，比起多巴胺，五羟色胺要复杂得多。

首先是受体种类更多，至少有13个；其次是它们对五羟色胺的亲和力不同，有的对低浓度敏感，有的对高浓度敏感；另外，它们感受到五羟色胺信号后，产生的结果也不一样，有的让细胞更兴奋，有的让细胞更不兴奋……总之，一下子有无数种可能性在眼前铺陈开来。

大家意识到似乎没有什么更好的办法，只能采用最笨的"穷举法"：拿13个受体一个一个地试，选择出效果较好的，再让它去感受不同的浓度范围，一步步推进。

就在大家挨个一遍一遍试错的时候，李毓龙突然发现一种特殊的受体：它居然在细胞的"纤毛"上！

李毓龙解释，大家普遍认为，神经信号的传导是由神经细胞上的树突和轴突完成的，树突负责感受来自上游的信号，轴突把这个信号传到下游去。但偏偏这个受体不在树突也不在轴突，而是在细胞胞体生出的一根"天线"上。"就像手机有4G（第四代移动通信技术）和5G（第五代移动通信技术），收音机有AM（调幅）和FM（调频），"李毓龙的语速变得快起来，"这相当于一种新的信号接收和传递方式。"

这是一个有趣且重要的发现，科学探索中的一个意外插曲，小小地颠覆了科学家的既往认知。李毓龙原本认为，五羟色胺探针是到处移动的，有五羟色胺的地方，受体就可以表达出来。但固定在纤毛上表达的受体却给他上了一课："细胞有专门的控制机器"，能够专项地运输某种特定蛋白质的信息，"细胞实在是太巧妙、太复杂了"。

插曲的惊喜背后，依然是漫长的"穷举"，一点一点地推进，李毓龙团队终于发展出了五羟色胺探针。

通过查阅文献，李毓龙了解到五羟色胺的神经元能在果蝇嗅觉学习的中枢表达，于是他把探针置于其中，随后给果蝇闻气味，果然，探针亮了。

他们没有就此止步，好奇心让他们继续追问：在闻气味这件事中，五羟色胺发挥的作用是什么呢？李毓龙继续查阅文献，发现目前大家都不太清楚。"神经生物学有好多看似很简单的东西，如果你去细问，其实我们连它到底怎么工作都不清楚。"

带着这个疑问，他们做了不少实验。比如，试试看它是不是负责控制果蝇的学习记忆：在有五羟色胺的情况下，给果蝇闻一个气味，然后对其进行电击，果蝇痛苦万分，于是，下次闻到同样的气味，果蝇就会条件反射般地躲开。然后，他们在没有五羟色胺的情况下进行同样的实验，却发现，那只痛苦的果蝇依然条件反射般地躲开了。

团队又一次被困住了。如果说五羟色胺并不负责学还是不学的问题，那它负责的到底是什么呢？

经过很多次实验和无数个"很郁闷"的时刻，李毓龙和实验室的学生突然发现，虽然不管有没有五羟色胺，果蝇似乎都能记住气味和电击的关系，但并非每次实验都能得到相同的结果。他们发现，如果闻气味和电击两个行为发生在5秒内，五羟色胺在场与否并不会影响果蝇的条件反射；一旦两个行为的间隔超过10秒，没有五羟色胺的果蝇便不会将气味和电击联系起来，也就不会在闻到相同气味时进行闪躲。

李毓龙和团队这才恍然大悟：原来五羟色胺的功能是调节学习的时间窗口的长短。

"巴甫洛夫的条件反射，全世界人都知道，已经100多年了，大家知道有时间窗口，但是不知道这个窗口居然还能调节。"说起这些，李毓龙的语速更快了，两眼放光地介绍自己的"秘密武器"。这是科研工作者最兴奋、最有成就感的时刻：把人类已知的边界又拓宽了一点点。

用探针看明白小鸟如何学会唱歌

当我们知道五羟色胺在果蝇上的新发现之后，难免还想再问：对人来说，它有什么用呢？

神经生物学家常常用低等动物做实验，因为它的神经系统比较简单，了解清楚其中的机制后，再去思考是不是有普遍性，最终延展到人的研究。很多时候，基础研究与真正在临床上的应用，中间还有很长的距离。

对于五羟色胺，李毓龙也只能去"畅想"：比如，有一些精神类病人有妄想症，老是觉得这个人用力关了一下门是不是对我有意见，那个人说了某句话是不是想要害我。这有可能是他们大脑的一些神经化学信号出现了紊乱，从而加强了这种妄想的记忆的联系。

而五羟色胺可以调节记忆的时间窗口，如果在动物实验中的这一结果在人体上也是可行的，我们是否可以找到出问题的地方，然后人为地去调节和整合记忆，缓解妄想症的症状？

当然，在当下，科学界并不知道妄想症的根源是什么，也不知道要通过何种神经元的何种信号去调节，而且临床试验具有的复杂性，也涉及伦理问题。

过去几年，除了多巴胺探针和五羟色胺探针，李毓龙团队的"探针家族"里，还有可高效检测乙酰胆碱、去甲肾上腺素、腺苷等多种神经递质的探针，它们都在国际上获得了巨大的影响力，他本人也因此被称为"探针王子"。他们为其他科学家也提供了新的探索工具。

有一次，李毓龙在学术会议上遇到了杜克大学的教授理查德·穆尼（Richard Mooney），聊起彼此正在做的研究，对方说，自己在关注"小鸟怎么学唱歌"，就像婴儿模仿父母说话一样，小斑马雀也会模仿身边成年斑马雀的叫声。理查德·穆尼团队发现，小斑马雀待在爸爸身边，爸爸唱歌，它就学唱歌；但离开爸爸，用播放器播放爸爸唱歌的录音，它便不会学唱。这表明，小鸟学唱歌需要两个条件：合适的学习对象（视觉）和学习内容（听觉）。但视觉和听觉信号是怎么整合的呢？指导学习这一行为背后的神经环路机制又是什么？

理查德·穆尼团队接着又做了一个在李毓龙看来"很酷"的实验：让小鸟离开爸爸，用播放器播放爸爸唱歌的录音，同时刺激小鸟脑中的多巴胺神经元释放多巴胺。结果发现，小鸟又开始学唱歌了。

这个进一步的实验证明了多巴胺参与了学习这个行为，但在自然界中，小鸟真实学唱歌的过程中，多巴胺到底有没有出现呢？听着理查德·穆尼提出这个问题，李毓龙难掩兴奋："太好了，你问的这个问题，我能帮你解决。"

他为理查德·穆尼教授提供了自己实验室的多巴胺探针，实验表明，果然，小鸟跟爸爸学唱歌的时候，探针亮了——鸟爸爸作为一个必要的视觉信号，激活了小鸟 PAG（中脑导水管周围灰质）脑区的多巴胺神经元（这一步是播放器无法做到的），该神经元的神经纤维在 HVC（高级发声中枢）脑区释放多巴胺，多巴胺调节了视觉信号和听觉信号（鸟爸爸的叫声）的整合，从而使得小鸟模仿着唱起了歌。学习这一行为的信号传导机制清楚地呈现在了研究者面前。

探针的工具作用在跟不同实验室的合作中显露出威力，除了"小鸟学唱歌"，李毓龙团队还和日本科学家合作，研究了特定脑区通过多巴胺信号控制小鼠做梦的课题。

李毓龙实验室一直在为学术界免费提供探针工具。实验室做了统计，截至 2021 年，共有 20 多个国家的 200 多个实验室使用了他们的探针。

再次回到前文的话题，"小鸟学唱歌"和"小鼠做梦"的研究又有什么"用"呢？或许有一天，对人的大脑机制的了解更进一步后，"小鸟学唱歌"的研究是不是可以拓展到人的"学习和记忆"研究上？"小鼠做梦"的原理是不是也可以应用到人的身上，从而有可能减少噩梦的出现，提高睡眠质量？

但"人"永远更复杂，我们尚不清楚人类大脑的神经元如何变化，如何相互作用，所以这样的手段无法应用其中，甚至"根本没办法往这个地方去想",但在小鸟、小鼠、果蝇身上掌握的信息,"至少提供了一种(解释)的可能"。

基础研究便是提供这样的可能性的方法,也是科学的源泉和活水。比起直接的应用,它更多的是"引领"。

当前,大脑中的疾病,大家熟知的抑郁症、精神分裂症等,人们不知道其中的机制;那些神经退行性疾病,比如阿尔茨海默病、帕金森病,也没有治愈办法,"有一些药能够短期缓解一些症状,但是长期来说没有办法解决"。

李毓龙还举例说,最近有一些新药,比如氯胺酮(ketamine,俗称"K粉"),能够治疗抑郁症。这在临床上已经做了很多实验,人们熟知的氟西汀(俗称"百忧解")通常要在两周以上开始起作用,但氯胺酮只需要半个小时,如果临床上抑郁症患者有自杀倾向,极端情况下,后者是更好的选择。

但是,到目前为止,整个生物界尚不清楚氯胺酮是如何起作用的,有怎样的机制,"包括一些治疗的手段,有时候真的是碰运气碰出来的"。就像氯胺酮一样,它原本是毒品,只是碰巧被发现它对某些疾病有效果。

短期看上去"没用"的基础研究,长期来看恰恰指向这些难题:只有知道基本原理,知道正常时候的状态,当疾病出现时,才知道是哪里出了问题。

李毓龙研究探针,就是希望在纷繁复杂的大脑里,看到神经元是怎么连接的,信号是怎么传递的,从而更加理性地解析大脑工作的机制,乃至有一天,实现从基础研究到人体层面的过渡。

将军要带兵打仗,科学家要问有趣的问题

那么,当一群人投身到短期看起来"没什么用"的研究中时,他们会遇到什么?理想和现实之间的沟坎又该如何跨过去?

李毓龙在 2000 年毕业于北大生命科学学院,2006 年获得美国杜克大学神经生物学博士学位,之后在斯坦福大学进行博士后学习。他于 2012 年回到北大,组建了自己的实验室。在做 PI（principal investigator,学术带头人）的最初几年,他走得跟跟跄跄,也经历过低谷。

当时,李毓龙希望把探针做到足够有深度,实现在活体动物中的检测和观察,这个过程充满不确定性,研究耗时漫长。同时,因为是新领域,所以学术刊物编辑接受起来也需要过程。新实验室的青涩身份也可能是一道障碍:"以前做研究生、博士后,自己的导师在这个领域可能都已经功成名就,所以投稿时编辑或者审稿人都会很尊敬,但当自己作为一个小兵开始成立实验室时,有的时候投稿,人家都不送审。"

总之,各方面的原因杂糅在一起,导致他的实验室在成立前几年,迟迟没有论文发出。

那时候,实验室的一名学生找到他,诉苦说:"老师,我头发老掉,焦虑得睡不着觉。"李毓龙有点吃惊,说:"你才研究生二年级啊!"学生坦言,同宿舍的另一个实验室的同学已经开始发文章了,再看自己实验室的大师兄,研究生五年级,还没有任何文章发表。后来,这个同学从李毓龙的实验室转走了。

李毓龙把攻坚克难比喻成"带兵打仗","正打着呢,带的兵要退出了"。

损兵折将不是统帅唯一的烦恼。那时李毓龙自己也面临两难，非升即走——要么评终身教授，要么离开北大。领导替他着急，跑来劝："毓龙，我跟你说要做重要的工作，但是我从来没跟你说做不发表文章的工作啊。"李毓龙心里也着急，后来在学校，远远地看到这位领导，他就绕道走。

领导给过李毓龙很多帮助和支持，那时候，领导还曾写信给一位国外的教授："李毓龙现在五年多没有发表工作，你得帮帮他。"

那位教授按辈分算是李毓龙的导师，也是李毓龙的合作者，在李毓龙的研究生到博士后阶段，他给了很多支持，后来还推荐李毓龙到北大工作。教授给领导回信："他的工作很重要，会发表出来的，你们再耐心点儿。"

终身教授的考评延期申请刚被批准，论文也在这个时候发表了。生活有那么多的恰巧和恰好不巧，不过好在他的科研之路由此上了正轨，慢慢顺利起来。2022年是李毓龙成立实验室的第十年，团队发明了很多新型探针，同时也借助先进的工具去探究突触传递的调节机制。

很久之后，李毓龙到国外做报告遇到了那位教授才知道，在那段漫长的低谷时期，背后还曾有过这样默默的助力。

这些年里，北大也为他们提供了来自制度上的保护。

作为北京大学IDG麦戈文脑科学研究所、北大-清华生命科学联合中心的研究员，李毓龙受到的来自它们的评审，都是以五年为期。

"并不是看我一年必须有多少篇SCI（科学引文索引）论文或者其他，而是五年评审一次，而且请的一般都是内行，包括国际上的专家。"李毓龙说，这在一定意义上能帮助他和团队成员静下心来做研究，追随好奇心去问为什么，尽管失败是常常发生的事，但焦虑多数只来自科研本身。

用李毓龙的话说："如果课题目标 day by day（日复一日）地压着，就像在我们头上悬着一把剑，我们永远在焦虑如何交差，并没有办法静下心来，看看到底什么是有趣的问题。但在北大，我们可以把研究的眼光放得更长远。"

每年毕业季、招生季，生命科学都被纳入讨论的旋涡。作为"四大天坑"专业之一，年轻人对生命科学产生畏难情绪。作为生命科学领域的年轻科学家，李毓龙始终认为，这里充满瑰丽和挑战。

1978 年，李毓龙出生于福建，他从小就有很强的好奇心，喜欢看科幻小说，喜欢想象未来的世界，也喜欢读科学家自传，看他们在科学领域探险。后来，他如愿上了北大，读了生命科学专业，儿时的好奇心得到了延续和满足。他所在的脑神经领域足够复杂，充满未知，因此，迎接挑战和克服困难，也可以让他获得双倍的喜悦。

2018 年，国务院发布《关于全面加强基础科学研究的若干意见》，把围绕"脑与认知"开展探索作为未来基础前沿科学研究的重要领域，并指出要加强对脑科学等重大科学问题的超前部署。李毓龙曾在接受媒体采访时表示："大脑是最复杂的器官，研究大脑工作的机制特别需要不同学科的交叉，这样可以从长远上帮助我们提高解决疾病问题的能力。"

他认为当下最大的机会和挑战是培养有交叉学科背景的领头人。虽说是脑神经科学，但如果从细胞层面研究，涉及细胞生物学；研究细胞上的分子，涉及分子生物学；更宏观地研究整个大脑的工作原理，涉及脑连接组学；再向外拓展，还有行为学、心理学……拥有交叉学科背景的人才，可以带领这个领域走得更快、更远。

至于李毓龙自己，接下来的生活和此前的生活没有什么区别——继续扎在实验室里，继续一步一步拓展他的探针工具库。面对神奇复杂的脑神经世界，人类现有的研究和发现依然是冰山一角。将军要做好将军的事，天一亮，就要带兵去更远的地方打仗了。

对话李毓龙

杨国安：在你看来，神经科学领域最重要的命题、最迫切需要解决的问题是什么？你多次提到，神经元的世界非常复杂，它的复杂之处在哪里？

李毓龙：一个重要的命题是检测大脑中的神经递质的释放，了解不同神经元的功能。现在全世界的神经生物学领域都认识到这个问题是很重要的，但是太有挑战性，因为神经元种类太多，而且数量太多，已知的神经化学分子有 100 多种，而这可能还是冰山一角。空间上，到底哪个神经元跟哪个神经元形成连接；时间上，到底谁和谁什么时候去联系。再细化，它传递的信息是什么，让对方兴奋一点还是抑制一点。这是整个领域最大的挑战。

所以我采用的手段和策略，是发展一些能够搞清楚这样一种动态变化的方法，用"探针"让神经细胞在处理信息的时候能被看得见。

杨国安： 对于这些复杂问题的探索，你在学生时代的学习和研究奠定了哪些基础？

李毓龙： 1996年到2000年，我在北大读本科，之后是到了美国杜克大学，获得了神经生物学博士学位。2000年到2006年，我是做研究工作，主要是研究神经细胞的通信连接分子机制。

我的学术"偶像"中文名叫钱永健，是诺贝尔奖得主，也是钱学森的堂侄，他主要研究荧光探针。我的博士后导师是他的亲哥哥钱永佑教授，是斯坦福我们那个系最早一个创系的华人，他的研究主要是偏神经生物学的机制。

因为我先收到了哥哥的offer（录用通知），所以没有去申请弟弟的博士后，但我算是"身在曹营心在汉"，对弟弟的研究方向很感兴趣。回北大成立实验室的时候，我相当于在做他们交叉的方向，瞄准了基础研究，找到它的突破口——"new tools"（新工具），来检测介导神经元相互交流或调节神经元活性的重要化学分子。

杨国安： 在选定了这样的科研方向之后，你为什么在第一个探针把目标指向了多巴胺？

李毓龙： 首先，多巴胺很重要，参与奖赏性和学习等；而且我们对多巴胺的认识非常匮乏，比如在临床上，我们知道某种药物对于增加多巴胺、缓解疾病症状有效，但它的具体机制我们是不清楚的。其次，在科学领域，要率先发展一个工具，在研究上我们希望大家能更加信服我们的工具，所以优先选这样一个（经典的）例子。我们实验的脑区之前已经有一些证据证明会释放多巴胺、参与一些奖赏，我们想要通过这种经典的脑区，旧瓶装新酒，来验证这个工具确实有足够的特异性、灵敏度。

杨国安： 研究探针的过程中，为何要进行"编码"？"编码"是如何实现的？

李毓龙： 现代的生命科学科技的发展，把遗传物质也就是 DNA 表达在给定的神经细胞上，这个手段已经相当成熟。我们就不需要把蛋白质放进细胞里，而是直接把 DNA 序列放进去，让它自己生成蛋白质。

以多巴胺探针为例，我们的探针是一个由多巴胺感受蛋白和水母荧光蛋白构成的融合蛋白。根据中心法则，蛋白质是由 DNA 编码的，DNA 通过转录成为 RNA，然后翻译成蛋白质。因此，我们就可以把编码多巴胺探针的 DNA 放到感兴趣的细胞里，细胞自动把它反应成可以检测多巴胺的探针蛋白。

杨国安： 你提到，"我们采用的手段是发展技术，首先是让重要的神经化学分子可视化。我们做的工作，其实是想帮助理解大脑是怎么样处理信息的"。在"观看"了那么多"意识"的活动之后，你现在对于"意识"的理解是什么？"意识"有没有颠覆和震撼到你的时刻？有没有引发你遐想和深度思考的时刻？

李毓龙： 作为研究神经生物学的，我想问的问题常常得定义清楚，在很多时候，到底什么是意识，不同的人其实有不同的定义，或者说它有它的模糊性。

我们举一个简单的例子，对动物的研究可以帮我们理解这个问题：什么叫作"意识"？比如是不是可以说，动物被麻醉的时候没有意识，也就是非麻醉时有意识。

最近有一些挺有意思的研究和突破，比如说原来在杜克大学、现在在美国麻省理工的华裔教授王帆（Fan Wang）的一个实验。以前人们在动物乃至人身上用麻醉，常常认为各种麻醉剂主要都是让大脑的神经元活性下降，所以让被使用者失去意识。她做的一个实验发现，在加了麻醉剂的时候，其实是有特定的少数的神经元会兴奋，兴奋的神经元能够让别的神经元被抑制，从而活性下降。她用这一实验来证明，产生意识的重要的神经元可能是那些在麻醉时会兴奋的神经元，这些神经元在正常的时候是被抑制的，只有在麻醉状态下会兴奋。

我觉得这是很有意思的事情。它怎么做到的？为什么会有这样一个保守的环路？这至少为我们提供了一些实验的、研究的可能性。

杨国安： 那么在你看来，从这些基础研究到人体上的应用，中间有怎样的距离？

李毓龙： 对大脑的疾病来说，比如阿尔茨海默病和帕金森病，有一些药能够短期缓解一些症状，但长期来看，我们（目前）其实是没有解决办法的。脑神经的世界，这个复杂的体系，可能还有99%是我们完全未知的。

所以我们要去基础研究有待突破的地方探索，神经生物学家常常会用比较低等的动物进行研究，因为它们的神经系统比较简单，或者是它们的一些特殊行为学是非常非常"鲁棒"（强健）的，这样可以帮助我们在纷繁复杂里找出主要矛盾。搞清楚了简单系统下这个东西的机制，在这个基础上，再研究更复杂的，最终推及人的研究。

杨国安： 虽然说目前没有直接的临床应用，但从长期来看，你怎么看这些研究的重要性？这些年里，实验室的研究成果有了哪些国际影响力？

李毓龙：尽管开头的时候可能并没有直接的临床应用，不能用在人身上，但是长远来看，我们的这些工具，不光是对我们自己实验室的研究，也不光是对国内科学家的研究，而且对全世界的神经科学家，乃至非神经科学家的研究，都能更好地起到放大器的作用。

事实上，这些工具常常在发表之前就已经免费提供给各个科学家了，我们也很乐意提供，因为可以给他们省时间；另外从自私的角度上讲，其实这也验证了我们工具的特异性、灵敏度，能扩大我们研究团队乃至我们国内的研究水平的影响力。

中国的这种科学发展的起步比较晚，所以我们很多时候还是使用国外科学家发展的工具。国内独立发展的能够为全世界人所用，而且获得认可的工具，其实并不多，所以我们能够发展工具，又能够对其他科学家的研究有一定的促进作用，这个影响力比我自己实验室单独研究某个神经元更大。

杨国安：最近的研究有哪些新的进展？

李毓龙：最近也有一些全世界最领先的进展，比如我们前面提到的多巴胺探针，它用到水母里的荧光蛋白。在大自然的演化过程中它主要发绿色的光，但是需要你拿一个激发光去照射它，它才会发光。我们最近关注到萤火虫（的生物发光），它不需要激发光，通过自己的化学物质催化就可以发光。我们在研究如何把它变成探针的光源，与来自水母的光相比，使用萤火虫式光的一个好处就是，更容易研究自由运动的动物体内的多巴胺水平，不需要再像我们研究小鼠那样把它固定在那儿，一直给激发光，现在可以让动物"自带光源"了，这对研究它的各种行为，比如求偶、打架等，提供了更多支持。不然，你去研究它求偶时的幸福感、多巴胺分泌，但要把它束缚在一个显微镜底下，它也没有这个兴致，对吧？

杨国安： 最近在科研上最开心的一件事是什么？

李毓龙： 最近我们在这个研究上有一些新的进展，所以我还挺开心的。而且，我们有时候还会收到科学家的私信、邮件，说"我们有一个感兴趣的神经化学分子，帮我们发展一个探针吧"。我刚谈到，我们费了"洪荒之力"发展多巴胺（探针），效果挺好，但是已经知道的神经化学分子有将近200个，我们实验室的人力很有限，这个领域又有这么多科学家，所以收到这样的私信或者邮件后再去发展探针，就能比较快速地、大规模地提高效率，相当于我们有新的工具来加快技术的发展，从而让其他科学家能够问更多的问题，因此我觉得还挺开心的。

杨国安： 你最重要的梦想是什么？

李毓龙： 我的一个梦想是，我们的一些研究工作能够真正给人的生命健康带来福音。尽管我不是做医生的，但我觉得我们有可能做到这一点。我们实验室的一些研究有转化的可能，我们也与一个初创的公司合作，把我们的一些东西想办法变成临床的药。包括前面谈到的这些研究的技术，长远来看，其实对人的生命健康会有帮助。

杨国安： 这个领域的研究和发展，面临的最大挑战是什么？如果让你来描绘你所在领域中国30年后的未来，你能想象到的是什么样的图景？

李毓龙： 我觉得现在最大的挑战其实在"人"上。比如，我们现在的工作在全世界是领先的，给很多优秀的科学家、前沿的研究提供了新的工具，但事实上，我们的合作者中，国外的科学家比国内的科学家还多。中国的科技水平在发展，但是顶尖的科学家还是比较少的。现在，我们国内有不少好的研究所，比如在北京、上海等地，研究水平是相当不错的，世界领先，但是从平均水平上来说还远远不够，比如在沿海和内陆的，受经济发展的影响，研究所的研究水平参差不齐。

我之前在美国留学，发现在其排名前 100 的大学中，即便是第 100 名的大学，可能都有非常好的甚至诺贝尔奖级的实验室存在。但是在中国，最好的可能全世界领先，但排到第 100 个，这种世界领先的研究团队就没有了。

我希望有更多优秀的年轻人参与进来，而且是不同学科的人。脑神经科学的复杂性，其实提供了一个很好的机会，让人们可以用交叉的手段去做研究，比如说我们实验室的荧光探针，其实就需要用到化学、物理学，乃至一些数学上的知识、计算机的技术，还有生物学。

很多年前钱永健就说过，物理学中世界最高研究水平的工作，在《科学》《自然》杂志上常常都有 100 个作者，研究加速器、量子通信等，学科发展到一定的程度，需要很专业的团队做这样的事情。而在生命科学乃至脑科学，你可以利用交叉的手段去一展所长，这其实是创造了新的赛道。

总的来说，我希望 30 年后，全国平均水平能有一个大的提升。以全世界的神经科学作为一个参考，中国各个不同的研究所、大学的神经科学研究都能茁壮成长。

第二章
调控细胞应激,
是否可以延缓衰老及其相关疾病的发生?

刘颖
生命进化是精妙的过程

    生命科学家刘颖长期关注细胞对能量和营养物质信息的感应机制,发现了参与这些过程的新基因和新机制,揭示了它们对衰老和癌症等生理病理过程的影响。这些生命科学领域的新知为人类对抗疾病提供了理论武器,她的最新成果将有可能为衰老相关的疾病治疗提供靶向基因,在未来,也会为人类在理解衰老和代谢相关疾病方面提供理论指导。

衰老

    古希腊神话里,有一汪"青春之泉",只要喝了这里的泉水,就能永葆青春，长生不老——这样的神话背后，其实是人类对生命的一种美好想象。

到了现代，这样的想象有了现实可行性。几十年来，生物学家一直面临着如何理解衰老和寿命限制的挑战，无数人为之探寻生命的密码。

刘颖就是这些探寻者之一。她出生于 1984 年，29 岁时成为北京大学博士生导师。她研究的课题就是和衰老有关。2017 年，刘颖成为美国霍华德·休斯医学研究所的国际研究学者，2019 年，首届"科学探索奖"也把奖杯之一颁给了她。2023 年 1 月，刘颖成为首批新基石研究员，而其申报的研究方向是衰老与细胞应激如何相互影响。这个方向的提出，正是基于她对该领域的认知和展望。

在美国得克萨斯大学西南医学中心读博士的时候，刘颖就对有关衰老的研究非常感兴趣。在这个领域，一个关键的启发点是：1939 年，科学家们观察到，限制小鼠和大鼠的能量摄入，会延长它们的寿命。后来，这个结论也在灵长类动物的研究中得到了重现。过去 40 年间，科学家们也渐渐论证，衰老是许多疾病的"温床"，随着衰老的发生，心肌梗死、中风、癌症等疾病会出现。

如果科学研究可以找到调控细胞衰老的"开关"，那么在抗衰的同时，也可以避免多种严重疾病的发生。不论对生命科学还是医学，这都有着极其重大的意义。

刘颖的研究就是在这样的前提之下，走向了生命科学更微观的层面——细胞之内。细胞是生命体最基本的结构和功能单位，与衰老相关的秘密很大一部分隐藏在细胞里。

当"衰老"发生时，细胞发生了什么变化？它们的应激能力为什么会发生变化？反向推之，如果可以调控细胞应激的影响因子，是否就可以延缓衰老及相关疾病的发生？

这正是刘颖研究的重要课题。关于细胞应激与衰老关系，她的研究从线粒体开始。

最重要的细胞器之一——线粒体的应激调控

2011年，刘颖前往麻省总医院和哈佛大学医学院进行博士后研究。实验室负责人加里·鲁弗肯（Gary Ruvkun）跟刘颖提及自己的实验室目前在做的方向。他说，细胞内有不同的细胞器，他们发现线虫可以感受不同细胞器的状态。加里询问她是否对这个方向感兴趣，刘颖给出肯定的回答，但又补充了一句："我更感兴趣的是线粒体。"

人类细胞里有许多细胞器，那些细胞器就像用膜包裹的一个个小小的元件，支撑着生命的运行，线粒体虽然只是其中的一种细胞器，却给细胞提供了90%以上的能量。刘颖打了个比方，线粒体是负责提供生命能量的"小宇宙"，与生物的代谢及寿命息息相关，可以说，它控制着生物体的生与死。

如果能够发掘线粒体的规律，解开细胞的秘密，那可能意味着人类可以控制代谢，甚至延长寿命。

更神奇的是，除了提供能量，线粒体还是信息场所。比如细胞凋亡（一种程序性的细胞死亡方式）的一种"死亡"信号就是从线粒体释放出来的，最后诱发细胞死亡。

此前有不少研究表明，许多与衰老相关的疾病都与线粒体的过度损伤有关，比如神经退行性疾病。因此他们猜测，是否正是由于老年时无法再启动线粒体应激机制，线粒体损伤大量积累，最终导致细胞和组织（比如神经组织、肌肉组织）的损伤病变以及衰老的发生。

"大量的实验已经证明，线粒体应激的启动对于延长寿命和延缓衰老可能是有利的。所以，我们期望通过对线粒体应激的研究，实现对线粒体应激启动的控制，最终能够延缓衰老并预防相关疾病。"刘颖说。

对于线粒体应激的研究，刘颖是在行业最前沿触探。2013年12月19日，刘颖在北大的实验室正式开张了。

之所以选用线虫作为研究对象，是因为线虫的衰老与人类的衰老十分相似。如果将线虫从成虫期至死亡每一天的照片按顺序进行排列，我们就能明显看到：随着衰老的进程，虫子的身体变短了，就像衰老的人类逐渐佝偻；线虫的皮肤也会出现褶皱，也和衰老的人类脸上出现皱纹相似。线虫年老之后，体内的肠道等结构会发生改变，运动能力也会明显下降，摄入食物量明显减少。除此之外，线虫的生命周期仅有20天左右，这种短周期的生物体是绝佳的实验体。

10年来，利用线虫遗传学和全基因组筛选，刘颖和她的团队鉴定发现了40多个新基因，它们参与调控了线粒体损伤后的应激过程。这些新基因的发现，进一步解释了细胞如何响应线粒体损伤及其所造成的能量匮乏，这些分子机制层面的研究，大大填补了此前的领域空白。刘颖和团队还在继续开展对这些新发现的基因的深入研究，试图揭示相关应激机制对于线虫的天然免疫和衰老进程的影响。

刘颖和团队还希望通过实验找到能让成年线虫重新恢复线粒体应激响应的"超能力"基因。

她起初采取基因突变的方式进行实验。基因是携带有遗传信息的 DNA 片段，在大自然中，基因突变会随机发生。一个广为流传的案例是，在英国工业革命时期，附着在白桦树树干上的白色飞蛾，因为树干颜色变黑，一部分发生了基因突变，变为了黑色，最终这些黑色的飞蛾因为更不容易被捕食者发现，从而存活了下来。

但这种基因突变的频率在自然界中非常低，于是在实验室里，刘颖借助化学试剂去处理一只只的小线虫，来加快它发生基因突变的频率，这种方式叫作化学诱变。

刘颖和她的博士生不断对线虫进行化学诱变，让它的基因组受损，观察虫子是否能在成年时期重新启动线粒体应激的保护机制。他们不断改变实验技术，设计不同的实验方案，期待某个虫子能够在特定条件的作用下，产生基因突变，从而"返老还童"。

"我想起小时候经常看的一部动画片《忍者神龟》，这四只忍者神龟本身就是基因突变的产物，基因突变使得它们具有了超能力。在实验中，我们希望去发现一些具有超能力的线虫。"刘颖说，"我们关注的超能力是什么呢？就是能够在老年重新启动线粒体应激的超能力。"

关于线虫的遗传筛选之战进行了三年，换了几个博士生轮番参与，"超能力"的虫子终究未能出现。失败的懊恼和畏怯在学生中产生了代际传递，在学生时代经历过同样情绪的刘颖理解这些。在更有效的思路出现前，刘颖暂时搁置了这个课题。

转机出现在 2021 年。一天，刘颖去参加一个学术论坛，她提及了这个困惑她多年的问题。等她发言完毕，台下有位老师提出一个想法：如果这一代的虫子无法产生突变与激活，可能说明某种信号物质在突变的这一代虫子中并没有恢复。

这个建议再次给她提供了新的思考路径。回到实验室，她和学生立刻重启了实验，利用幼年线虫甚至虫卵的提取物去喂养年老的虫子，发现老年线虫在线粒体受损时的应激修复过程真的被激活了。

这个结果让刘颖欣喜无比，也再次论证，机体的衰老进程是有办法控制的。只是那个起到"返老还童"作用的物质具体是什么，是如何作用的，依然需要团队进一步探寻。

刘颖强调，生命是一个复杂的过程，很难一次就总结出线粒体与衰老之间的关系，但无数的实验证明，线粒体就像一把双刃剑，轻微抑制它的功能，会延缓衰老，延长寿命，如果过度抑制，又会引发细胞死亡。

细胞对营养物质的感应

科学已经证明，热量限制性进食可以延长线虫和哺乳动物的寿命。那生命体是如何感知到营养物质状态，又是如何进行代谢响应的呢？刘颖也将目光投向了"细胞是如何感应营养物质的"这一命题。

细胞之所以能够执行生命活动，首先在于它们能够"感应"。就像雨水滴落于皮肤，我们能感受到丝丝凉意；食物的香味能通过鼻子抵达大脑，让我们感受饥饿；细胞的工作原理也是如此。我们吃的碳水化合物会变成葡萄糖，蛋白质要分解成氨基酸，细胞聪明地"感知"到所处的环境中的葡萄糖、氨基酸是充足的，继而启动合成代谢，把物质和能量储存起来。大多数时候，它们都以脂肪的形式储存，但当我们饿了几个小时，细胞又会"感知"到饥饿，于是把储存的营养物质分解掉，以此来释放能量，保证机体的正常活动。

细胞对营养物质的感知、能量的转化，都需要信息的传递，所以，无论是细胞感知环境中可以被利用的营养物质水平，还是根据营养条件的变化对自身代谢做出适应性的调控，都必须在激活某种信号通路的情况下实现。

那么，细胞究竟是如何感知到营养（如蛋白质、脂肪和碳水化合物）的？到底谁是细胞代谢中信息通路的"开关"呢？这是生物学核心的问题，对于生存至关重要。

这个问题依旧可以从线虫入手进行研究。刘颖通过实验发现，线虫和人类一样，在饥饿的时候能够感知到营养缺乏，从而分解脂肪来为自身提供能量。通过实验可以明显看到，对正常进食的线虫进行脂肪染色，颜色较深，说明线虫储存了大量的脂肪；而对饥饿长达 12 个小时的线虫进行脂肪染色，颜色较浅，说明线虫启动了脂肪水解以提供饥饿时身体所需的物质能量，此时从分子层面进行观察，可以发现线虫分解脂肪的基因表达量明显升高。

在确定线虫可以感知营养物质水平，并分解脂肪来提供能量后，刘颖和学生便设计了一个实验：通过显微注射的方式，将一部分 DNA 注入线虫体内，从而构建一种转基因的线虫。这种转基因线虫可以在分解脂肪的基因表达上调时显示出绿色的荧光。她想通过观测荧光的强弱，通过化学诱变或者基因敲减[①]的方式，看看哪些基因受到影响时，线虫仍然可以一边正常地摄入食物，一边还能启动脂肪的分解。

经过大量的实验比对，她发现在正常进食下抑制 *hlh-11* 基因的表达也能分解脂肪。在哺乳动物的细胞上进行实验时，她发现，人体内的肝细胞有着与它同源的基因——TFAP4。当这些基因敲减时，明显可见饱满的脂滴数量在变少，体积也在变小。"如果可以利用这些基因，使得进食的同时脂肪也在分解，那减肥也许就不再是一个问题了。"

这些研究之外，刘颖还在哺乳动物细胞中，研究细胞如何通过 mTOR 通路，感知营养物质的变化。

mTOR 是细胞合成代谢调控的中枢，就好比细胞里的一个司令官，来发号施令。它能够感知到细胞内的营养物质水平，比如氨基酸、葡萄糖的含量，在营养物质充足的时候，启动细胞内的合成代谢，将这些物质储存起来。但过度地激活 mTOR，会导致细胞疯狂生长，可能导致癌症和肿瘤的发生，而适度地抑制 mTOR，则可以延缓衰老、延长寿命。

基于 mTOR 的这一特性，在刘颖的实验室里，她在一个个的小细胞上去观察如何能够让细胞感知到营养物质，比如感知到氨基酸的水平，这些营养物质又是如何去调控 mTOR 通路，以及它到底是怎么被激活和被抑制的。

---

① 使用 RNA 干扰或基因重组等方法，使基因功能减弱或基因表达下调的技术。——编者注

2008年10月21日，C3PO

最后，我们来认识一下这位曾因为年龄和成就的反差而冲上热搜的科学家。

"29岁成为北大博导"是刘颖身上难以撕去的标签。在这之前，她已经在生命科学领域的顶级期刊《细胞》《自然》《科学》上发表了数篇科研论文。人们会感慨刘颖出成果的时间之早，但当与她深入交谈之后，你能发觉，在这背后是她对目标的超级坚定，对执行的超强贯彻和对压力的超常承受。

刘颖真正开启对生命奥秘的基础研究，是在刘清华博士的实验室里。2006年，她从南京大学本科毕业后，奔赴美国得克萨斯大学西南医学中心，师从刘清华教授攻读生物化学博士学位。刘颖至今记得，飞去美国的航班是她人生中第一次坐飞机，"当航班夜晚降临在美国达拉斯的时候，整个城市华灯初上，我站在那里满是无助感和疏离感"。这种无助感与疏离感伴随了她一整年——因为不能适应语速很快的英文授课，每天晚上，她都要在自己的小房间里花两三个小时来反复听录音；刚进实验室时，她甚至不会做最基本的转化实验，只能硬着头皮求助。

转机在两年后才出现。她发现果蝇的细胞里有一个蛋白质——没人知道它是什么，但它有助于RISC（RNA诱导沉默复合物）行使功能。他们决定要寻找这个蛋白，"就像捉迷藏"。刘颖被强烈的好奇心牵引，通过蛋白质纯化技术，用了两个月揭开了谜底——C3PO。

那一天是2008年10月21日，她仍然清晰记得——"我是世界上第一个知道它是谁的人"。

2009年,刘颖在这一课题的研究结果在《科学》杂志上发表,这极大鼓舞了她继续在生命科学领域探索的士气。作为这一课题的新手,她没有过多的路径依赖,这种大胆探索的创新精神,她至今依然非常珍视。她同样看重的,是掌握经典的技术手段,并视之为安身立命的根本。

在《科学》上发表第一篇论文时,导师为刘颖开了一瓶香槟,然后双方分别在瓶塞与瓶身上签名。导师留下瓶身,把瓶塞送给学生刘颖做纪念。如今,刘颖的实验室里承袭了这个传统。刘颖的博士生李雯记得,2021年,实验室针对"SAR1B感知细胞内亮氨酸浓度调控mTORC1活性"的研究结果在《自然》杂志上发表之时,刘颖也让两位第一作者同时打开了香槟,瓶塞拔开的那一刻,"砰的一声,太有仪式感了"。

但快乐,也就是如此了,更多的时刻,刘颖需要独自去忍受探索征程上的寂寞时刻:有时凌晨三点还未入睡,写完报告困意全无;有时自己跟自己较劲,凌晨四点才从实验室出来,科研结果并不会因为自己的较劲就凭空产生,她在微博里自嘲:"至少我见到了凌晨四点的北大呀。"

漫长的时光里,刘颖常想起在波士顿做博士后的日子——科研压力大,无处诉说。那时,她住在查尔斯河畔,常从窗口眺望跑步的人群,后来,跑步也成了她减压的方式。这一跑,就再没停下,她说跑马拉松的感觉像极了科研:"刚开始很兴奋,觉得有意思。几公里后很累,一面心想何必自讨苦吃,一面告诉自己要坚持。跑着跑着慢慢意识到,当不再去关注终点本身,而是更多地欣赏沿途的风景和感受当下的心境时,跑步就是一个让人非常享受的过程。最后冲过终点，心里又升起了成就感，想着下次还要报名。"

好在，17年的科研征程上，刘颖的同行者越来越多。就像《自然》杂志里曾经写的那样：我们正在进入一个令人兴奋的衰老研究时代。尽管在这个时代，能否增加人类的最大寿命，仍然是一个悬而未决的问题，但最近30年里，科学家们已经建立了坚实的基础，并开始了直接指向衰老的临床试验。可以预见，这会碰到很大的困难，但是健康衰老带来的潜在益处，会远远超过风险。

在这个时代，刘颖的好奇心依然在牵引着她不断探索。这些点点发现，最终都将成为星火，与无数科学家的成果联结在一起，继续探寻生命的奥秘。就像一位科研工作者所描述的那样："我要去那里，因为山在那里，因为月球在那里，因为火星在那里，因为太阳系的边际在那里，因为远古的一缕星光在那里。"

对话刘颖：生命的进化，一定是个非常精妙的过程

杨国安：你读博时，非常注重一些基础的实验技术，为什么？

刘　颖：这要从我读博士时的选择讲起。我当时最主要的想法是去学习技术，我认为掌握了基本的实验技术，将来自己建立实验室后就有能力做任何我感兴趣的研究。这个想法可能有点 old school（老套）——我想去学经典技术，经典到全世界可能没有多少人会，所以我学习了经典的蛋白质纯化，在（20世纪）

四五十年代，有一部分科学家在做纯化，但现在全世界已经没多少人能把这一套（实验）做下来了。

博士后我选择遗传学，学习做遗传筛选，虽然现在大家都在用基因测序，但是我认为，掌握这些经典的实验技术手段，是能在科学证明中起到关键作用的。现在，我回到自己的实验室，做每一项研究，都是结合生物化学、遗传学进行，相当于有了一套自己比较特殊的体系。

杨国安： 后来是如何确定代谢和衰老方面的研究目标的？又是如何定位到线粒体的？

刘　颖： 在读博士期间，我会看每一期的《自然》《科学》杂志，逐渐发现自己对代谢与衰老很感兴趣。在加里的实验室里，他有几个课题让我选，我其实都没有选，而是独立开了一个与线粒体有关的课题。

因为线粒体是细胞的能量工厂，除了提供能量，它也承载着很多信息的传达。比如线粒体可以释放"死亡"信号，诱发细胞死亡。在细胞代谢、衰老的整个过程中，线粒体都起到非常重要的作用。生命的进化一定是个非常精妙的过程，我想观察线粒体功能受损后如何启动保护和修复机制，这些过程又是如何影响人的生命健康的，于是我跟导师说，我想研究这个课题。

杨国安： 线粒体如果具体到现实层面，它的变化会对人体有什么影响？

刘　颖： 线粒体损伤的影响有很多。比如它最重要的功能就是为细胞提供能量。那我们整个机体内最需要能量的组织和细胞是什么？就是神经细胞和肌肉细胞。所以很多神经退行性疾病都与线粒体功能受损有关，比如我们熟知的阿尔茨海默病、帕金森病等。还有就像老年肌肉萎缩、肌无力的出现,也跟线粒体有关。

杨国安:衰老和线粒体的关联是什么?

刘　颖: 线粒体与衰老的关系比较复杂。比如线粒体轻微损伤从而启动线粒体应激时是会延长寿命、延缓衰老的,但是线粒体的过度损伤又会导致细胞死亡。此外,线粒体在产生能量的过程中,会产生一种超氧化物,这是一类反应性非常强的物质,一旦产生,会跟细胞内的其他蛋白质、DNA直接发生反应。当线粒体产生过多的超氧化物时,也会对细胞产生很多不好的积累,细胞就会衰竭(衰老)或者死亡。

杨国安:后来为什么又开始研究细胞对营养物质的感知呢?

刘　颖: 我对细胞是如何感知营养物质状态的这个问题特别好奇。举个例子,人吃了一顿饭,碳水化合物会分解成葡萄糖,蛋白质会分解为氨基酸,那么细胞是如何很聪明地感受到这些营养物质是充足的?又怎么样去启动合成代谢,把这些营养物质和能量储存起来?当我们饿了好几个小时,还没吃饭的时候,它又怎么知道需要把这些存储的营养物质分解掉,释放能量,提供机体正常的活动?我特别希望理解这些过程,一方面,这是最基本的生命科学问题,但还没有得到很好的解释;另一方面,它的应用前景很广。

杨国安:你参加过北大—青腾未来产业学堂(二期),所以我知道你对应用也是关注的。但我还是很感兴趣,现在回头看你的科研过程,你觉得其中最难的一关是什么?

刘　颖: 有些当时觉得很难的事儿,现在看起来已经很淡然了。在我的实验室运行的头三年,投文章的时候并不顺利。当时是投

《科学》杂志，第一次审稿意见反馈回来的时候，我们补了很多实验，补完之后继续去投，再被拒稿。恰逢我怀孕生产，生产过程也并不顺利，最终，剖宫产后的第三天，我在病床上就改起了论文，改完再投，还是被拒了。这篇文章来来回回，加上补实验，折腾两年，最终还是这个结果，确实会觉得很挫败。这在学术界挺普遍的。其实最难的还不是在投文章时，而是在做课题的时候，你的假设根本就不对，但你已经花费了半年、一年，甚至更久的时间，最终发现课题根本不成立，还要不停地换课题，那是非常痛苦的。

杨国安： 实验结果不符预期的时候，会焦虑吗？如果有的话，怎么去解决？

刘　颖： 会。那就与它共存呗，适度焦虑也不是什么坏事。科研一定会有机缘巧合，每个实验运气能够占几成我很难去界定，但我首先还是会觉得，运气是建立在你有足够实验结果的基础之上的，在运气来临之前，你还是要持之以恒地积累。

杨国安： 你最重要的梦想是什么？

刘　颖： 从 0 到 1 开辟出新的研究领域，这个我现在还没做到。

杨国安： 未来 5 年内，你最关注的或者最想实现的是什么？

刘　颖： 一方面，还是想把营养物质感知这块儿搞清楚，因为它现在最核心的问题就是，像氨基酸、葡萄糖、脂肪这几个最重要的营养物质，到底是哪一个蛋白直接去感知。虽然下游的过程研究得比较透彻，但是最上面的、最核心的地方，谁去感知了它这就不是特别清楚。另一方面，我想理解衰老过程中为什么细胞应激的能力、免疫响应的能力发生了变化。

杨国安： 如果让你来描绘你所在领域中国 30 年后的未来，你能想象到的是一个什么样的图景？

刘　颖：这个问题我经常被问，但我实在没法回答，我真的觉得科学没有办法被预期。科学的发现、技术的突破有时就像牛顿的苹果、青霉素的诞生一样，可能是某一天突然有人拍了下脑门儿想到的事情。我觉得可能做生命科学研究越多，对生命的敬畏心就越强。你会感觉怎么能这么奇妙，每一步都有很精确的调控过程。

第三章
疾病的新突破，
攻克"不可成药"困境

鲁伯埙
降解药物，一种攻克疾病新思路的诞生

疾病最根本的困境在于无药可救，而这种困境时时刻刻都在上演。制药界的一个共同难题是，传统药物研发思维是针对致病蛋白寻找阻断剂，从而阻断疾病的发生，可事实上，近80%的蛋白找不到阻断剂，被称为"不可成药靶点"。在这条近乎走到死胡同的困局中，生物学家鲁伯埙提出了一种全新的治疗策略，他找到了特定的"小分子胶水"，将致病蛋白送往自噬，进而利用自噬降解致病蛋白，实现与疾病的对抗。这是一种前所未有的疾病治疗思路，在实践中逐渐展露出越来越强大的应用前景。在"无药可救"的疾病困境面前，生物学家鲁伯埙也许找到了一条新路。

疾病现状：在希望和绝望之间

生物学家鲁伯埙十分懂得生病的难处。他并不是医生，但他在病人中间出了名，因为他是一个为无药可救的疾病寻找新药研发路径的研究者。由于他主要从事神经退行性疾病研究，每隔一段时间，他的邮箱就会收到很多陌生人的来信，他们一边向他倾诉这种疾病给自己带来的痛苦，一边向他询问五花八门的问题：什么时候能研发出药物？药物什么时候能进入临床阶段？中间还掺杂着苦涩的关心：我们知道罕见病药物很难盈利，你们找到药企愿意投资了吗？我把房子卖了400万，捐给你们做研究基金好吗？还有很多人向他表态："如果可以，我愿意当小白鼠，给生命科学做点贡献。"

疾病是人类最古老的困局。这种感受他从上学的时候就体会到了。博士毕业找工作那一年，鲁伯埙参加了很多医学界的会议，研究了形形色色的疾病及其治疗现状，他本来只是想通过这种方式寻找自己未来的研究方向，却在这个过程中看到了疾病的现状。他最大的感受是一种落差——疾病面前的人类，始终徘徊在希望和绝望之间。

每次参加学术界的会议，台上讲的都是希望，新的实验、新的发现、新的假说、新的可能性。每个领域都发表了很多新论文，里面提供了大量充满希望的数据。这是一种科学进步的希望，人类在不断深入理解疾病，抱着这些新认知，走出会议室的时候，总有一种"人类即将战胜疾病"的乐观。但是，转身去一场制药企业的讨论会，气氛就完全不一样了。整个制药行业的成药率只有4.1%，在这里，演讲的主题词是"困境""艰难""失败""无法实现"。

这种困境在神经退行性疾病的治疗上尤为突出。神经退行性疾病很多都是"不治之症",即便是发病率最高的阿尔茨海默病,药物开发的成药率也只有0.5%,不仅远远低于整个制药行业4.1%的成药率,且迄今仍未找到有效的根本性治疗手段,仅有暂时缓解症状的药物。在这些疾病面前,时间似乎停滞了,研究困顿,止步不前。

这将成为一个日渐严重的问题,影响许多人。世界卫生组织预测,到2040年,神经退行性疾病将会取代癌症,成为人类第二大致死疾病,然而目前世界范围内还没有任何一种药物能够有效治疗它们。

这也成了鲁伯埙决心研究一种新的治疗方法的驱动力。"当时想要做神经退行性疾病也是因为,其他疾病外科可以解决,但是神经退行性疾病挑战很大。当时每次开相关的学术会议都有人总结说,我们这个领域已经发表30多万篇文章了,但还没有一个真正能减缓疾病进程的突破性的药物。"鲁伯埙说。

一个最典型的例子是亨廷顿病。这是一种长期困扰人类的神经退行性疾病,人类发现这种病已经超过150年了,科学家已经破解了这种病的许多特质:明确知道它是一种单基因遗传病,准确找到了它的致病基因序列,也找到了破坏人脑的具体突变蛋白,很多技术进步都发挥了作用,例如基因筛查技术可以准确诊断出一个人是否患有亨廷顿病,冷冻电镜技术也让研究者能够直接看到亨廷顿蛋白的结构……可即便如此,迄今为止,针对亨廷顿病尚无任何有效的治本药物研发出来,所有治疗手段都只能缓解病人的症状,这种病既无法根治或延缓进展,也无从预防。

这意味着，一个人一旦发病，面临的将是无药可救的绝境。亨廷顿病通常在一个人40多岁时发病，统计数据显示，病人通常在发病10~15年后死亡。但是这个10年生存期取决于照护质量，由于亨廷顿病的症状很难通过药物缓解，病人的生存质量差，在照护条件不好的情况下，病人会很快死去。

亨廷顿病的治疗困境，折射出新药研发的一大难关。传统的药物研发思路是从致病蛋白开始，针对致病蛋白寻找阻断剂，基于各种各样的机制，用小分子来阻断它，从而阻止疾病的发生。这就是靶向药的研发思路。不幸的是，这个方法对大部分蛋白是不适用的。这个方法要求蛋白有明确的生物化学功能，以及可以结合小分子化合物并阻断其生化功能的表明区域，这被称为"活性口袋"。但是80%的蛋白不满足上述的两个条件，因此很难找到一个化学小分子去阻断它，也很难设计相应的筛选阻断剂的方法。它们被称为"不可成药靶点"。

在亨廷顿病的会议上，鲁伯埙越来越真切地认识到"不可成药"对人的影响。会议邀请了一位病人作为患者代表来现场，讲述病人立场的疾病现状。生病之前，这位病人是哈佛大学教授，有自己的研究领域。刚生病的时候，他对疾病的理解很有限，只看到疾病定义里的短短几行字："亨廷顿病的致病基因破坏患者大脑内的皮层和纹状体，引起起舞动作。"他一度认为这种病的最大坏处只是"手舞足蹈"，但真的发病后，他的痛苦并不是舞蹈一样的动作，而是对自我控制的丧失。他发现自己渐渐失去了专注思考复杂问题的能力，继而丧失了工作上的乐趣，后来又逐渐失去了对舌头肌肉的调动能力，表达也变得困难。他没有办法像过去一样思考问题，也没有办法把这份痛苦准确地表达出来。他逐渐失去了对自己身体的控制，在绝望中彻底成为一个病人。

相比于不由自主地手舞足蹈，真正让他绝望的是无药可救的困境，治疗是漫长、痛苦且无效的。正是因为亨廷顿病的致病蛋白——变异亨廷顿蛋白是不可成药靶点，所以无法找到阻断剂，没有有效药物治疗。目前，亨廷顿病最前沿的治疗策略是基因治疗，但还在临床试验阶段，其效果还有待检验。因为它是一种生物大分子药物，而大分子要进入大脑是很困难的，所以病人无法通过口服给药，必须进行腰椎穿刺，通过腰椎泵进行给药。这本身就是一种较为痛苦的治疗方式，再加上这种生物大分子造价很高，成本远远高于小分子药物，即使临床试验获得成功，患者每年的治疗费用预计也需要数十万美元。

这种无助的绝境给无数家庭带来了漫长且沉重的打击和挥之不去的心理阴影。一个耐人寻味的现实细节是，亨廷顿病是一种单基因遗传疾病，也就是说，通过检测一个点位的基因，就能预测一个人在 40 岁以后是否有可能发病。基因诊断学技术大大提高了疾病的诊断率，原本这应该成为医学进步对人类的贡献，但是，这些代表希望的医学进步在现实中有时意义有限——只有不到三分之一的家属愿意检测。他们的理由是，这个病无药可救，与其活在无助的恐惧里，还不如从头至尾都不知道，至少发病前的日子能好好活。

十多年间，鲁伯埙一直致力于神经退行性疾病的研究，但是，与研究一种病的干预思路相比，他更着眼于超越现有药物研发的困境，寻找一种新的治疗策略——对于那些无药可救的疾病，有没有可能找到一种根本性策略，为根治疾病找到一条新路？

ATTEC：一种新的治疗思路

新方法是在一系列充满不确定性的坚持中偶然出现的。博士毕业后，鲁伯埙一直在全球医药健康行业的跨国公司诺华（Novartis）从事神经退行性疾病研究，自2012年起，鲁伯埙回国，在复旦大学生命科学学院担任研究员，继续寻找疾病的新药研发方向。开始的几年，探索不算顺利，实验进过不少死胡同，研究经费也日渐减少，继而告急，但他仍在锲而不舍地向前探索，直到一个关键突破渐渐浮现——ATTEC。

ATTEC，全称autophagosome-tethering compounds，即"自噬小体绑定化合物"。在鲁伯埙开始这项研究的时候，整个学术界对这个领域的报道几乎一片空白。一切都要从头开始，最开始连鲁伯埙自己也不确定，这是不是一种可行的思路，最终能不能拿到理想的结果。他冒着很大风险尝试一条没有人走过的路，支撑他做下去的是一种基本判断——人会生病，就是因为出现了致病蛋白，只要想办法清除致病蛋白，疾病就能得到控制。既然80%的蛋白无法找到阻断剂，那就换另一种方法，用自噬降解致病蛋白。

细胞自噬［这里主要指巨自噬（macroautophagy）］是一个生物学领域的古老概念，最早在20世纪60年代就被科学家发现，后来日本科学家大隅良典（Yoshinori Ohsumi）对细胞自噬机制的发现还使他获得了2016年的诺贝尔奖。在生物学领域，人们喜欢将自噬形容成《吃豆人》游戏：一个细胞在饥饿状态下，为了生存，它会把自身材料降解掉，供自己循环使用，维持一个存活的能量水平，也就是说，细胞在饥饿状态下，会出现为了保命而"自己吃自己"的现象。

自噬概念在鲁伯埙的学生时代就已经是课堂上的前沿话题，后来他在诺华的实验室也见了利用自噬研发癌症、阿尔茨海默病药物的案例。研究人员在细胞自噬过程中看到了一种治疗疾病的可能性——既然自噬过程可以清除蛋白，如果它清除的恰好是致病蛋白，那不就是治病了吗？

问题是，这些初步尝试的效果都不太理想。自噬过程中有一种核心的细胞器叫作自噬［小］体（autophagosome），它会将细胞中的部分蛋白包裹起来，再通过一系列细胞生物学过程将这些蛋白消化掉，转换成所需的物质和能量。可是，这个过程的问题在于，它是一个"一视同仁的杀手"，没有什么选择性，不会专门去清除导致疾病的蛋白。只要自噬机制激活了，自噬小体就会把一整块地方的物质都包裹住，吞噬、消灭、转化成能量。

鲁伯埙也做过不少实验，他的难关也出现在选择性上。每一个细胞有两三万个不同的蛋白质，每一个蛋白可能参与几十万个生化反应，这当中既有致病蛋白，又有正常的健康蛋白，即便在导致疾病的亨廷顿蛋白内部，也是既有致病的亨廷顿蛋白，又有野生型蛋白。可是，自噬［小］体往往"一视同仁"，杀死致病蛋白，同时也杀死很多正常的蛋白，也就是说，如果用这样的策略做药，药的副作用太大了。

困在死胡同的时候，鲁伯埙产生了一个大胆的设想：有没有可能给这个自噬过程创造出一种胶水一样的东西，而且是一种定向有效的胶水，只对致病蛋白有效，只把致病蛋白黏在自噬［小］体内？为了实现这个目标，鲁伯埙把眼光投向了LC3这个蛋白。这是一个自噬［小］体膜上广泛分布的蛋白，它本身会被脂化，从而牢固地"挂在"自噬［小］体膜上。鲁伯埙设想，如果能利用"胶水"把致病蛋白和LC3黏在一起，这样每次致病蛋白经过LC3的时候，都会因为这种胶水的存在而停留在自噬［小］体内部，久而久之，越来越多的致病蛋白会被"胶水"黏在自噬［小］体内，最后通过自噬过程，被一举歼灭。

鲁伯埙开始朝着这个设想的方向努力。他希望用一种小分子化合物（small molecule compounds）实现靶向自噬的胶水的功能，但这在当时是一个从来没有人研究过的课题。为了找到合适的"胶水"，他查阅了很多论文；参加自噬大会，跟药企和其他实验室的同行讨论；还请教了大隅良典本人。但他都没有得到答案，只能自己动手寻找。他设计了一个理想实验——构建一个化合物库（compound library），然后通过检测化合物–蛋白相互作用来筛选其中的"胶水"。实际实施时，问题卡在了筛选机制上，他尝试了很多方法都不太成功，信噪比达不到筛选的要求，而且所尝试的几种筛选方式一次性最多只能测300多个化合物，效率也不高。

2015年，鲁伯埙偶然间听了一场光科学的讲座。当时，身处光科学系的费义艳分享了她的新技术：一种小分子芯片光学筛选系统，它有两大关键技术，小分子芯片（small molecule microarray, SMM）和免标记斜入射光反射差（oblique-incidence reflectivity difference, OI-RD）技术，这个系统可以把最多5000个小分子化合物点样在一厘米的小薄片上，每个化合物对应一个坐标，当靶标蛋白流过时，一旦它能够与芯片上的特定小分子结合，这个坐标点上的分子层就会增厚，这一微小变化会被光学方法灵敏检测到，从而在很短的时间内检测出很多不同的化合物–蛋白相互作用。

这对鲁伯埙来说犹如神来之笔。他找到费义艳，两个团队合作"小分子化合物"和"自噬途径降解"的课题，根据鲁伯埙的实验设计方法，利用费义艳设计的小分子芯片光学筛选系统，对近4000种化合物进行了筛选。

最终，四种符合条件的小分子化合物在2016年初出现了。它们能够发挥"胶水"的功能，既能够与LC3蛋白结合，也能够与变异亨廷顿病蛋白结合，同时又能保证不与正常的亨廷顿蛋白结合。接下来的关键就在于验证——这四种小分子化合物，真的能降解致病蛋白吗？

答案一开始是否定的。当时，课题组做了不少测试，一开始是组里学生做，看不到致病蛋白降解，后来鲁伯埙自己测试，还是看不到多少效果。后来他一度不敢让学生做了，怕耽误他们的学业，改用业余时间自己验证，可是效果都很差。哪怕是最好的结果，也只能看到一点点降解，并不明显，更多时候根本看不见。

因为这是一个完全空白的领域，从来没有人验证过自噬是不是真的可以实现致病蛋白降解。有一小段时间，鲁伯埙也陷入了自我怀疑：是不是自己想错了，也许这条路也走不通？

有天中午他和妻子在学校食堂吃饭，讨论起另一件事。鲁伯埙的妻子也是生物学领域的研究者，她当时正在申请一个项目，研究目标是设计一个化合物，将两个相同的蛋白分子拉到一起形成二聚体，从而发挥相应功能。但是实验过程中出现了一个奇怪的现象，她明明设计了一种符合条件的化合物，但是化合物浓度高了反而无效，只有把浓度降到一定程度才能成功地把两个蛋白拉到一起。妻子始终想不明白，丈夫作为局外人一下子反应过来了，还用数学模型推演了一遍，笑话她"当局者迷"："你是要靠这个化合物把两个东西拉到一起，浓度过高会导致它分别和这两个东西结合，反而拉不到一块儿去啊！"

自己的一句话点醒了自己——自噬实验是不是也正是因为小分子化合物的浓度太高了，反而不奏效？因为阻断剂的应用一般需要高浓度，低浓度看不到，所以在此之前，他一直习惯性地沿用在药企工作时研发阻断剂的筛选标准，在高浓度下观察反应，但是，这次要研发的并不是阻断剂，而是降解药。降解失败，会不会跟浓度有关？

紧接着，鲁伯埙把想法告诉了博士生李朝阳，让他立刻去检测一系列低浓度化合物的效果，结果是在晚上快十一点拿到的——浓度降下来以后，致病蛋白被成功降解，效果非常明显。李朝阳博士第一时间把结果发送给了鲁伯埙。

这个激动人心的结果，证明 ATTEC 的设想初步成功了。后来，他带着课题组做了完整的浓度取样，结果发现，浓度和致病蛋白被清除后的水平呈现 U 形曲线，浓度太低了不行，浓度太高了也无法发生。他得到了一套详尽的数据，充分证明了这些"小分子胶水"的作用和作用原理。

就在这一系列的偶然和奇遇之后，一种全新的治疗疾病的方法正式诞生了——在靶向药之后，基于自噬的降解药物可能成为病人新的希望。2019 年 10 月，鲁伯埙和合作者费义艳、丁澦、党永军等人将这项研究成果发表于《自然》杂志，里面详尽展示了这种"致病蛋白选择性降解新技术"，这也成为我国科学家掌握的具有自主知识产权的一项核心技术。

这篇论文入选了《自然》"年度十大杰出论文"，发表后陆续得到学界的认可,英国知名化学家、英国皇家化学学会(RSC)和皇家生物学学会(RSB)的会士爱德华·泰德(Edward Tate)于 2021 年在《细胞研究》(Cell Research)杂志上发表文章,评价 ATTEC 为 "a rising star"(一颗冉冉升起的新星),称赞这项研究"将改变已有的生物过程研究方式,揭示了一个原创治疗范式的全新方向"。

未来应用:降脂、减肥、逆转死亡?

生物学界对于 ATTEC 研究的反馈颇为热烈。鲁伯埙设计这个策略的初衷,是解决亨廷顿病无药可救的问题,但是更多研究者受到 ATTEC 思路的启发,利用鲁伯埙发现的四个小分子化合物,试图解决更多疾病的成药问题。比如,有文献报道,研究者改造了鲁伯埙发现的化合物,用来降解癌症的蛋白,尝试着将自噬纳入抗癌药物研发的轨道。

这股来自外界的踊跃尝试的热潮,反过来启发了鲁伯埙的研究。他产生了一个新的大胆设想:许多时候人会生病,除致病蛋白以外,也有非蛋白物质的影响,对于有些对人体有害的物质,现有治疗手段同样束手无策。既然 ATTEC 证明可以降解致病蛋白,那么,它能不能用来降解同样对人有害的非蛋白物质?

鲁伯埙设计了一个新的实验,目标是降解脂滴。脂肪在细胞里是以脂滴的形式存在的,脂滴的核心成分是胆固醇和甘油三酯。身体里脂滴最多的地方一个是肝脏,一个是脂肪细胞。虽然人体在生理上也有一定的储存脂肪的需求,但是过多的脂肪同样意味着疾病，而与脂滴相关的往往都是对人体危害极大的常见病——过度肥胖、脂肪肝、动脉粥样硬化、视网膜黄斑色素变性，甚至有文献报道，阿尔茨海默病的发生可能也和脂滴的积累有关。

"在我们之前，没有报道指出任何一个化合物可以直接把脂滴清除掉，有一些化合物或者生物学过程可以间接调控它，但是没有一个化合物能够直接把它清除掉，用已有的其他技术都搞不定。我想，脂滴正好可以通过自噬来清除——把脂滴和LC3黏在一起。"鲁伯埙说，"理论上，只要清除掉脂滴，就有可能干预和治疗这些疾病。"

实验证明了他的设想。一个最振奋人心的例子来自一个肥胖小鼠的降血脂实验。实验中，肥胖小鼠在实验开始前非常胖，体脂率很高，脂肪甚至多于瘦肉，在注射鲁伯埙课题组设计的靶向脂滴的ATTEC化合物两周后，肥胖小鼠的体重下降15%，体脂下降20%，更重要的是肝脏功能的改变，药物使得它的血脂很快回到正常范畴，仅仅几天的药物注射后，小鼠的甘油三酯下降到了很低的程度。也就是说，降解化合物让肥胖小鼠成功实现了降脂。此外，在通过特定高脂饮食诱导的非酒精性脂肪肝模型小鼠中，肝脏可能因为脂滴的过度积累出现了纤维化。注射脂滴降解化合物后，纤维化也有了明显改善。这意味着，ATTEC相关的降解药物有希望将治疗窗口期延长，让疾病在已经非常严重的时候依然有机会得到明显缓解，这种降解药物是一种"后悔药"般的存在。相关的论文发表于《细胞研究》，并获得了"赛诺菲–《细胞研究》杰出论文奖"。

沿着这个治疗思路，更多实验室验证了ATTEC许多新的可能性。例如，老年人眼部疾病排名第一的视网膜黄斑色素变性，ATTEC 在这个眼部疾病上也可以发挥作用。与鲁伯埙课题组合作的赵晨课题组发现，用降解药清除脂滴，可在疾病动物模型中有效拯救视网膜黄斑色素变性，这一研究论文于今年发表于《自然》杂志。还有人提出将 ATTEC 应用于医美，在脸部外周注射降解药物，以达到美容效果，不过这一方向尚处于讨论阶段。

"可以说，这种治疗方法提供了一种全新的药物研发思路。"鲁伯埙这样说，"不只对治疗亨廷顿病具有潜力，这种小分子化合物对于其他类型的疾病同样具有治疗潜力。此外，我们发现这种自噬－溶酶体途径不仅可以降解蛋白，还可以降解破损的细胞器、病原体、肝脏细胞里面的脂肪等。"

ATTEC 研究也带来了意想不到的收获。为了研究亨廷顿病的疾病过程，鲁伯埙在实验室构建了疾病的细胞模型，模拟脑神经元从发病到死亡的全过程，比如在实验室环境中，通过给予一定的压力条件，让神经元在几天内死亡。有趣的是，在这个模拟的过程中，鲁伯埙偶然观察到，撤走压力条件后，部分神经元却恢复了过来，也就是说，先前观察到已经进入死亡"程序"的神经元"复活"了。

这个偶然发现成了鲁伯埙新研究的起点。他还尝试着干预这个复活过程，更惊奇的结果出现了，他发现这种降低致病蛋白的方法可以增加神经元恢复的比例。"也就是说，这个复活可能是一个与疾病相关的过程，如果你减少病因，（神经元）恢复比例也会增多。"鲁伯埙说。

生物学界对于"细胞死亡"的研究已经较为成熟，但是极少有人研究"细胞复活"，尤其是神经元的"复活"。其实，早先很多人都看到过细胞的复活。鲁伯埙在上学的时候，为了完成实验作业，需要自己培养神经元，但稍不留心就会"养坏了"，他有时候会"想办法抢救一下"看上去已经死掉的神经元，结果发现，多给一些保护性的培养条件，部分神经元也会活过来。这是一个让他感到又好奇又费解的过程，因为野生型神经元的死亡和恢复比较随机，他一直不知道背后的具体机制，也摸不清细胞"复活"的规律，不太清楚怎么就养坏了，又怎么就救回来了。但是，经历过ATTEC的研究后，他又回到了这个极其吸引他的问题——细胞"复活"的机制是什么？什么条件下可以诱导复活？

这是一条困难重重却充满乐趣的新路。鲁伯埙说，他很喜欢做实验，虽然遇到困难的时候他也会发愁，担心经费，担心产出，担心科研过程的漫长会影响学生的毕业时效，但是每当问题得到解决时，那份喜悦也是真实的，尤其是面对临床的疾病问题时。他深知自己的研究能够为更多人带来希望，甚至包括他自己，因为如果ATTEC药物在降解脂滴方面真的能发挥作用，那它将成为他减肥道路上的好帮手。

除此之外，他还有另一个小心愿。直到今天，身为生物学家的他还是会收到病人的来信。因为自己并不是医生，研究成果也远远没有到临床试验阶段，他每次看到那些询问研究进展的邮件后，回信都只能以"抱歉"开头。他期待着在未来的日子，ATTEC相关的研究成果能早日落地，进入临床，让降解药物成为能够真正影响每一个人的临床药，到那时候，他就能够笃定地回信给这些走投无路的病人，告诉他们，治疗有了新的出路。

对话鲁伯埙

科学家的坚持

杨国安：你对 ATTEC 这项研究的兴趣最初来自什么？

鲁伯埙：主要的动因是我对疾病感兴趣，我想搞清楚我们怎么做疾病研究，以及怎么去找到治疗疾病的药物。疾病怎么产生的呢？如果我们用一个很简化的观点去看，疾病经常是某一个特定的蛋白质因为遗传、环境等，发生了一些变化，产生毒性，导致细胞整个发生生化反应，最终人体层面的表现就是疾病。

从致病蛋白到疾病，之间有一个非常复杂的过程，一个蛋白可能参与几十万个生化反应，但是它的根源是致病蛋白，所以我们就想，能不能从根源上去干预致病蛋白来治疗疾病？

这其实也是传统的药物研发的思维，找到一个"biomarker"（生物标志物），针对这样的致病蛋白，经典的药物研发思路是找它所谓的阻断剂，这个方法能成是非常好的，不幸的是有 80% 的蛋白找不到阻断剂，这 80% 的蛋白，术语叫作"不可成药靶点"。这些不可成药的靶点怎么办？怎么样用药物干预它？我们找到了一个新的思路——把想清除的东西"拽"到自噬的过程里，去清除掉。

杨国安：这条路是怎么探索出来的？

鲁伯埙：2012 年的时候我就有 ATTEC 的想法，但是没有做出来。坦白来说，当时还挺无知的，我只是在想办法把化合物找到。我来自诺华，还了解蛮多高通量的技术的，所以我尝试了用很多高通量的技术去做这件事。

杨国安： 一开始判断筛选出这些小分子化合物的比例是多少？

鲁伯埙： 当时完全没有判断，因为从来没有人报道过自噬蛋白结合的化合物。因为经费紧张，本来我也试图不做筛选，一直在文献里面找，如果有人报道过自噬的化合物，我们把这两个化合物用化学反应接在一起就可以，就不用筛选了，但怎么也没有找到。后来我去各种自噬的会议，因为研究自噬而得了诺贝尔奖的人我也问过，到底有没有化合物可以直接结合自噬剂，特别是LC3的，他也从来没有看过。所以没有办法，我只有自己做筛选。

杨国安： 这样岂不是漫无目的，有一种大海捞针的感觉？

鲁伯埙： 的确有很多运气在里面。我的很多方法不成功并不是理论上不能成功，而是太烧钱。我一算，筛选要花几百万，可我当时的经费一共只有几百万，都花在这上面，万一不成功，实验室就要关门了。对当时的我来说，这个项目风险巨大：没有人知道能不能找到这样的化合物；即使找到这样的化合物，它是不是真的能降解，我们其实也不知道。从概念到真正得到很好的化合物，还是有很多风险的。

杨国安： 当时支撑你在这么大风险下坚持做的动力是什么？

鲁伯埙： 动力有两方面。一个是希望能造福病人，如果做出来，它的价值会很大，比如，干预亨廷顿病，它是使病人受益最大的一种治疗策略。从原理上讲，如果我们找到一个小分子药物，它不干扰别的蛋白，直接作用于致病蛋白，对于这个疾病的治疗意义是很大的。这是我基于这个领域的一个判断。

第二个动力是希望能发展一个新的科技方向，我觉得它有希望发展成一个所谓的"平台技术",也就是说,一旦我找到了这样的分子,那么我们就有可能把别的东西送到自噬里面去降解,它可以降解各种不同的靶点,它潜在的平台价值也很大。所以动力主要还是看好这个科学研究方向的前沿价值。

杨国安: 药物研发过程中有什么印象深刻的故事吗?

鲁伯埙: 我以前在诺华的时候最经典的例子是格列卫这个药物的研发。它是一个很出名的抗癌药物,它的致病蛋白是20世纪80年代发现的,是一种酶由于活性太高而导致了白血病,这是一种比较严重的癌症。癌症那时候只有化疗药物,没有靶向药物,格列卫是第一个靶向药物。它的发现过程并不是特别曲折,但是它的发展过程有点曲折。白血病很早就被发现了,它的遗传学规律、染色体突变也是很早就被发现了,但后来针对它筛选阻断剂,在准备推临床试验的时候,被当时的商业部门否决了。因为当时他们觉得这个疾病在美国的发病率很低,美国患此病的只有5000人,所以认为做临床试验不值得,就否决了。但科学家坚决反对这个决策,直接去找公司当时的CEO(首席执行官)。当时的CEO是MD(医学博士)出身的,还比较懂科研,他拍板说,还是要上临床,因为他觉得这是一个跨时代的药物——从化疗药物的时代跨向靶向药物的时代。这个药物成功了,得了拉斯克奖,也有人认为今后有可能得诺贝尔奖。是科学家的坚持,才让这个药物最后上了临床。临床使用后,发现它不止可以治白血病,不同癌症只要有这个突变,它的效果就非常好。后来,这个药物每年的营收有50亿美元左右,成了当时诺华年销售额排名第二的药物。格列卫的故事也成了一个成功的典型案例。

以小分子操控系统来调控蛋白?

杨国安: ATTEC 目前研究的最新进展是什么?

鲁伯埙: 我们正在尝试的一个方向是小分子操控系统,这个工作量非常大,我也不知道能不能完成。从分子层面看,细胞内行使最多功能的还是蛋白质。蛋白质本身有两三万种,如果发生变化,就会出现很多情况。有的时候我们需要把变化的蛋白质清除掉;有的时候是蛋白质水平太低了,或者功能不全了,我们要想办法把它给补充回来;还有的时候是蛋白质位置不对,我们要把它纠正过来。于是我就想到,我们能不能找到一个所谓的操控系统,给细胞加入不同的化合物,从而操控不同的蛋白?

杨国安: 用什么方法来解决这个问题?

鲁伯埙: 我们的策略有两种。一种还是类似于 ATTEC 的"胶水",之前我们讲的是把细胞拽到一个降解的机器里去降解,其实细胞还有其他的机器,比如运输机器,可以把蛋白质拽到运输车上,把它带到应该去的地方。如果蛋白质位置不对,我们就通过胶水,把它拽到运输车上,送到正确的位置。

还有一种方法,我们叫作"标签法"。在细胞内识别不同的蛋白,往往是依靠识别蛋白的一个特殊标签,比如说,需要蛋白去什么位置,就给它加一个定位的标签。所以我们在考虑用这种方法来对蛋白进行操控。

打标签,在化学上,相对来说是更简单的方法,但它的缺点是,我们对很多生物学过程用的标签还不清楚,也就是说,打什么样的标签可以让它干这个事情,有些我们已经知道了,但是大部分还是不知道的，所以标签法目前适用面还相对较窄，相比之下，我们对胶水法知道的更多一些，可能适用面会更广一些。两种方法都在尝试。

杨国安： 这种小分子操控系统有没有一些具体的例子？

鲁伯埙： 已经在做的一些，比如 P53（蛋白）的案例。简单地说，P53 有很多功能，包括抑制癌细胞，P53 水平高了，就不容易得癌症，所以我们想，如果有办法把它的水平提上去，就可以用来治疗癌症。这个用降解的方法不行，降解清除掉 P53，癌症可能会恶化。我们要想办法用胶水法把 P53 给连到一个可以稳定蛋白的机器上去，这样就可以提高它的水平。

还有一个是标签法的例子。"基因编辑"是得了诺贝尔奖的工作，它是利用一套酶的系统，再利用一些蛋白去剪切 DNA，改变 DNA 的序列，实现基因编辑。基因编辑有一个很大的风险，蛋白进入细胞核以后，改变那里的 DNA 的序列，但是这些蛋白一直待在细胞核里面是危险的，因为它会不停剪切基因组，那么基因可能会变来变去。我们的一个解决办法是，让这些蛋白先待在细胞核外面，这样它就没有机会剪切，等需要对基因进行编辑的时候，我们再给它加一个细胞核定位分子，这时它才进入细胞核里面开始剪切。我们可以控制时间，比如说只让它剪切一个小时，完成之后，我们洗掉化合物，这些蛋白又会逐渐流出来，不会留在细胞核里。这样就可以比较大地提高安全性。

上面讲的这些更多的是药物研发的策略，是前沿探索，离真正的药物还有非常大的距离，我们更多是证明一个概念的可行性，至于能不能发现药物且用在病人身上，还有很远的路要走。

杨国安：ATTEC 发表之后，你觉得它对这个（亨廷顿）病以及这个研究领域的改变是什么？

鲁伯埙：最终的实际效果还很难说，也许最后还是不成功，但是我觉得至少它提供了一条新的路。之前没有人认为这条路能走得通，或者说，谁也不知道这条路能不能走。我们从概念上证明了，这条路是可能走通的。按照第一性原理①，最终是能实现的，那么具体就要通过工程学的方法来实现（怎么做的问题）。

杨国安：等于开辟了一条没有人走过的、现在看起来正在走通的路，而且你是为（亨廷顿病）病人发明了这个技术，现在它又可以用于（治疗）很多其他疾病。你觉得现在比较大的困难是什么？长远来看，困难又是什么？

鲁伯埙：一个具体的困难，是我们现在的化合物还不是活性最理想的，它对于脂滴的降解是挺不错的，但是对于亨廷顿蛋白的降解，降不到一半，并不是特别理想，也就是说，目前它有明显的疗效，但疗效还不够好。另外它还有毒性，所以还会有别的影响，我们也希望尽量去避免这个影响。第三个方面更多是商业上的考量，因为做一个药成本非常高，必须要用专利去保护。还有药物动力学的问题，即药物在人体里面是怎么代谢的，这需要进一步研究。当然，总的来说，这些问题在工业界是有比较成熟的解决流程的，但也有可能发生意外，有时候也可能会失败。

---

① 第一性原理是一种从最基本的原理出发的方法，用于推导更复杂的结论和解决问题。在制药领域，第一性原理是理解药物分子的结构和性质、药物作用的机制、药代谢和效应等的基本原则。这些原则有助于研究者优化药物的设计和开发，提高药物的疗效和安全性。

既然死亡是一个过程,那么生死的界限在哪里?

杨国安: 接下来的研究中,你最大的愿景是什么?

鲁伯埙: 这个(研究)是刚刚开始做的,我们叫作"神经元的复活"。这个研究是全新的,跟之前的不太一样。

关于细胞死亡有很多研究,包括我们研究神经退行,其实就是神经元的死亡。但是,我最近在思考一个问题,很多研究发现,死亡其实是一个信号通路的过程,是一个程序性的过程,那么,有没有可能,神经元进入死亡的程序之后,还能够逃逸这个死亡程序逆转回来?

比如说,老年痴呆就是因为神经元死了,人的脑细胞死了,其实一般神经元的死亡是很慢的,但是老年痴呆的神经元死得很快,现在的治疗方法都是想办法减缓它的死亡。就像我们做的亨廷顿病的研究,也是通过清除致病蛋白,减缓这种神经性的死亡。我在想,既然"死亡"是一个过程,我们能不能逆转它,把开始死亡的神经元,甚至已经死亡的神经元"复活"回来?

杨国安: 它的原理是什么?

鲁伯埙: 原理我还不知道,但我看到一篇很老的文献,研究的是把一个已经死亡 8 小时的人脑切片放在人工脑脊液里面,灌高浓度的氧气去培养,一个多小时以后,里面的神经元又可以运输染料了——活的神经元可以吸收、运输染料,死掉的神经元是运输不了的,相当于说,这些神经元又复活了。

还有《自然》杂志上新近发表的两篇文章。文章发现猪被屠宰 4~6 小时以后,不只脑死亡了,其他主要器官包括肝脏也死亡了。后来他们用了一个比较复杂的循环系统，叫作 OrganEx，通过这个循环系统给细胞灌流一些营养物质和氧气，发现这些细胞又复活了，包括脑部的神经元，肝脏的细胞也复活了。当然，猪本身作为一个动物是没有复活的，但是这些器官里的细胞看起来是复活了，或者说，这些细胞看上去之前是进入了休眠状态，灌流可以让它们恢复一些功能。这就提示，在细胞层面上，当一个动物死去，细胞的生命功能会在几个小时内丧失，但是通过特定的灌流系统补充能量和氧气，部分功能有可能恢复，所以我觉得细胞失去生命活动以后，是有可能重新恢复生命活动的。如果我们把这种逆转定义为复活，那么细胞的"复活"是有可能成立的，也就是说从第一性原理看，细胞是有能力复活的。

杨国安：你的研究设想是什么？

鲁伯埙：我想搞清楚细胞能不能复活。首先，我想用一个体外的培养系统，验证神经元是不是能复活，我也想知道这个复活的神经元是通过一个什么样的分子过程复活的。因为细胞死亡是一个由有序的生物分子反应形成的一个程序性过程，我推测复活是否也会是这样一种程序性的过程。

我的想法是，建立一个筛选系统，用一些方法把神经元给弄死以后，可以在神经元里面做筛选，挑出神经元不同的基因，看看什么样的基因可以促进复活，就可以把这个过程的关键基因给找出来。

杨国安：这个新设想可以有哪些应用？

鲁伯埙：疾病方面的应用可能就是老年痴呆，以及其他神经退行性疾病。此外，这可能加深我们对细胞死亡的理解。在一般人心中，死亡可能是一个很明确的定义，但是在生物学家看来，（死亡的过程）在细胞层面是由一系列复杂反应组成的程序，可能会持续挺久。单个细胞的话，我们其实做了一些实验，进入细胞死亡程序之后复活，这个过程是存在的。但是这里面有很多具体的问题，例如进入死亡程序多久后还能复活，我们还在摸索。现在看，其实死亡后 24 小时都是有可能复活的。当然，死亡 24 小时不是说真正的死亡，而是它接收到死亡的信号，开始进入这个（死亡）程序，很长一段时间还可以逆转，或者说逃逸死亡。

杨国安：神经元复活的研究，是目前最前沿的研究吗？你是全世界最早提出的人吗？

鲁伯埙：我的确没有看到过别人的研究报道，也许有人在做，但没做出来，或者这个过程本身就太难研究了。关于癌细胞复活倒是有一点相关研究。癌细胞的复活能力特别强，这个报道也相对较多。用各种抗癌药物杀死了它以后，尽管观察到了它的凋亡，不管是形态还是功能都提示这些癌细胞已经死了，但是你把那些杀死它的药物洗掉以后，它又复活了。比如有人发现用酒精杀死癌细胞以后，把酒精洗掉，癌细胞不仅能重新活过来，还能够重新具备分裂的能力。但是这背后的分子机制，同样不知道。

不过，癌细胞和神经元有个很大的不同，癌细胞是分裂能力很强的细胞，而神经元是不能分裂的细胞。因此，癌细胞能活过来而且能分裂，不代表神经元也一定有这样的能力，所以即便同是复活，这个过程可能也不一样。

杨国安：假设这项研究成立，未来有突破性进展让你发现如何逆转死

亡，让神经元复活，它会带来伦理学的问题吗？

鲁伯埙：我觉得这个差距还是很大的，更多的还是一个细胞生物学的问题。我想了解死亡的本质——死亡的过程，生和死的界限到底在哪里？在这个过程里，"死"到什么程度就逆转不了了？"死"到什么程度还可以逆转？我之所以想做蛋白操控系统也有这个原因。比如，假如我们有一个蛋白的操控系统，又如果复活的关键是某一些蛋白产生特定的变化，那么我们就可以对死亡的细胞加相应化合物，通过促进这些蛋白的特定变化来促进细胞的"复活"。如果"复活"是存在的，那么它可能是由一套分子系统来达成的，我想要找到这套分子系统。

第四章
探究蛋白质的奥秘，
寻找攻克癌症的新路径

陈鹏
揭开生命的图景

在未来，我们将如何攻克癌症？化学生物学研究者陈鹏将突破口放在了蛋白质上。如果把人体的所有细胞比作一个个工厂，那蛋白质就是这些工厂里的机器，当我们的身体出现问题时，往往是这些蛋白质出现了异常。

在陈鹏描绘的未来图景里，认识了蛋白质，就能够使小分子药物更加精准地"轰炸"癌细胞。但研究蛋白质的工具有限，陈鹏一边研究蛋白质，一边开发研究蛋白质的工具。在这个过程中，他发展了"蛋白质瞬时原位激活技术"，该技术能够有效控制蛋白质的活性，有望激活人体的免疫系统，甚至可以起到"轰炸"癌细胞的作用。

展望未来，癌症的治疗可能像去药店买抗生素一样方便，这是陈鹏最重要的梦想，他坚定地一步步朝这个方向努力着。

蛋白质如此重要，却缺乏理解它的工具

人总是对自身好奇。从达尔文的《物种起源》，到基因、蛋白质的研究，一代一代科学家前赴后继。

20世纪中叶，人类就发现DNA可能是生命的遗传物质，是它决定了生命的面貌与神奇。1953年，两位年轻的科学家，詹姆斯·沃森（James Watson）与弗朗西斯·克里克（Francis Crick）在他们的实验室里搭出了DNA的双螺旋结构，证实了所有人的猜想——DNA可以无限复制，将生物的遗传信息代代相传。

以此为开端，揭示DNA里的遗传密码成为一代生物学家的光荣与梦想。基因组测序曾是20世纪末最受瞩目的世界性课题，一位生物学家曾乐观地预言："通过修改人体基因来治疗疾病，将仅仅是个时间问题。"

但很快，人们发现，基因组秘密的揭示，不仅没能如当年展望般广阔地解决生命问题，反而带来了更多的疑惑。人类原本以为，生命体的复杂度和基因的数量成正比，但测序的结果却令所有人诧异——人和老鼠的基因数量相近，都有两万个左右，而一些植物的基因是人类基因数量的两倍。

这些发现开启了关于生命奥秘的新的认知。在生物学中心法则的基础上，生命科学领域的科学家们意识到，想要揭示生命的奥秘，还要理解这些生物大分子的功能如何被化学修饰调控。

蛋白质被称作"生命活动的执行者",这也让陈鹏在一开始接触生物问题时,就选择了它为研究对象。陈鹏是我国化学生物学领域的顶尖学者之一,他凭借自己的研究成果获得了陈嘉庚青年科学奖(每两年评一次,每个领域每次只颁给一个人)、首届"科学探索奖",以及国家自然科学二等奖。

他用了一个生动的比喻——"如果把人体的所有细胞比作一个个工厂,那蛋白质就是这些工厂里的机器。基因是生成这些机器的模板、蓝图,而很多生命活动的任务执行,则由蛋白质来进行"。

但是,与基因相比,蛋白质有着更为复杂的结构和功能。每一个蛋白质在发挥作用时,往往都会经过化学修饰。就像一个人,他可以穿不同的衣服到不同的场合,扮演不同的角色。正是这种多样的分工和功能,人类构成了无数的社会网络,构建起人类王国复杂的生态。蛋白质也是一样,经过修饰,也就是"穿衣"的过程,它们形成一个又一个的蛋白质网络。在不同的网络里,蛋白质拥有不同的功能。这些不同的功能形成不同的组织,构成生命体一个又一个微妙的特质,最终形成生物体内的王国。尽管大家都知道蛋白质的重要性,但是可以用于在活细胞内部观察和研究蛋白质的工具依然缺乏。"这需要从思维上先做出改变。"陈鹏说。它不单是遇到问题解决问题的过程,而且是想要在活细胞这样一种天然环境下展开对蛋白质的研究,同时开发新的研究工具。

在这个全新的领域,陈鹏开辟了利用化学方法研究蛋白质及其他生物分子的新途径,极大地丰富了人们理解蛋白质功能的技术手段。一系列特色鲜明的"正交反应"、"化学探针"和"蛋白质开关"等共同组成的"活细胞化学工具箱",为包括癌症免疫治疗在内的领域照进了一丝新的曙光。

像无人机一样,去探究细胞奥秘

在蛋白质的研究上,陈鹏先是找到了利用化学方法解答生物问题的工具之一——生物正交反应。蛋白质的研究有它的特殊之处,蛋白质在生命体内,处于一个不断被修饰和去修饰的过程,这个过程不仅多样,而且是动态的,甚至是可逆的。这就要求在动态的过程中对其进行实时观察。

生物正交反应作为一种新技术,符合蛋白质研究的需要。它是一种在生物体内发生,与生命进程互不干涉的化学反应。陈鹏打了一个比方——把生命系统比作交通系统,那蛋白质就是一辆一辆的车,它们有各自的功能——货车、消防车、警车,"是整个交通系统的核心"。而"生物正交反应",就像外源放进这个系统里的无人机,它和这个系统平行,不影响蛋白质的交通,又可以去探看这个系统的秘密。

它的开拓性在于,传统的生命科学想要去研究这个细胞城市的交通,只能通过一些破坏性的措施,把路阻断或者做一些架设,但生物正交反应就像无人机,它不影响这座细胞城市的生态,不受时间、空间的限制,既无限贴近又能独立观察,探索生命科学底层的逻辑。

但"生物正交反应"只是一个大的解决方向,想要在这个方向里找到一个具体的、成功的反应很难——条件太过苛刻,毕竟活细胞是一个脆弱的生命体系，一点干扰就会造成巨大的破坏。

在技术攻关后，陈鹏还需要面对硬币的另一面——反应成功了，但，它有什么具体的应用场景呢？它的存在是为了解答什么问题？科学家必须找到技术与应用的交叉点。

显然，交叉比单线运行更难，它需要一点运气，更需要乐观与努力来赢取这份运气。陈鹏说，他总是相信，一个反应在未来一定会找到与它对应的应用，可以突破一个关键性的难题。

陈鹏身上有一种特别的气质，他周密、严谨又兴致勃勃，对科研工作充满热情与耐心。他把自己发现的反应储存在一个反应库里，他坚信，总有一天，这些反应会被用到一个关键的问题上，那可能会"拯救数以万计的生命"。

他的专注不止一次换来成果。他目前的研究课题之一，神经信号成像，就得益于他早期使用过的一个生物正交反应。当时他没能找到应用场景，直到 5 年后，有合作者找来，是他在化学生物系的同事邹鹏。

邹鹏是化学探针研究者，但当他试图使用探针去给大脑的神经信号进行标记时，遇到了瓶颈：很难在脆弱的神经细胞的细胞膜上标记荧光染色，好让肉眼可以通过仪器观察到人体神经信号的变化。他向陈鹏求助，而陈鹏发现，自己实验室 5 年前做成的一个生物正交反应恰好可以解决这个难题——利用生物正交反应对神经元的膜蛋白进行标记后，便可以对细胞膜的电位变化进行实时记录了。借助双方的优势，他们共同开发了一系列可以给蛋白进行荧光标记的探针。2021 年，这一成果发表在《自然-化学》期刊上。

基于共同成果，他们开始一起研究神经信号成像。神经信号成像让人类的思考拥有了物理形态,即"意识"由无数的信号组成,开心或者抑郁的情绪、眼里的画面,都对应着大脑的信号,这些信号经由大脑的传感器,转化为我们的感知。而神经信号成像给这些信号赋予了颜色,用陈鹏的话说,"点亮神经活动"。由此,人们可以识别、记录信号的流动,并警惕信号的异常。

这给一些疾病带来了攻克的可能。比如阿尔茨海默病,简单来讲就是大脑不活跃了,信号流动出现了异常。借助神经信号成像,就可以看到这种异常具体的模样——哪些地方的信号流动出现了问题,哪些地方甚至已经没有了信号。陈鹏提供的底层技术搭建起神经信号的观测平台,基于这些认识,他的合作者便可以识别异常的信号,并进行药物的筛选。或许,对于攻克阿尔茨海默病,人类又前进了一步。

化学的方式让陈鹏找到了破题之道,他以此为武器,不断深化研究,在富有自身特色的战略打法上,逐渐练就炉火纯青的技艺。

结果没有辜负他,他发现了一些"断键"反应。在当时的化学生物学界,大部分人做的生物正交反应都是基于化学键的形成,但陈鹏想到,作为"化学家",应该不只是擅长"合成化学物质",也擅长"把化学键给切断、剪开"。他反其道而行之,开始关注"断键反应"。

这是一件需要勇气的事。那时,学界大都在做生物正交"成键反应","断键反应"几乎是空白,陈鹏猜想,是不是因为没有好的应用场景?

为了解决这个错位,几乎和找反应同步,陈鹏也开始寻找与之对应的应用。他想到自己曾有一个没有解决的问题——蛋白质在不停地参与各种生命过程,那应如何实时控制蛋白质的活性呢？他有了一个大胆的设想——给蛋白质安上一个控制其活性的"阀门"，不让它参与反应。等到想让它活动，就可以利用断键反应把这个"阀门"移除，恢复蛋白质的"自由"。

如果生命体是一个交通系统，那么蛋白质就是交通系统里的一辆辆汽车，蛋白质的活动就像汽车在自动行驶，维持着生命体的运行。陈鹏想做的，相当于给汽车安上"遥控"手刹，让车暂时停下；而把手刹移除，车就前行，从而遥控"汽车"行驶。

最终，这个学名叫作"蛋白质瞬时原位激活技术"的发现被发表了在《自然》杂志上，并被评价为："为在活细胞及活体动物内开展蛋白质动态功能研究提供了关键技术，也为生物正交反应开拓了新的前沿方向。"它被陈鹏叫作"脱笼技术"，简单明了，却有着广阔的应用前景。

通往治疗癌症的道路

生物正交反应还有着更加实际的应用。2022年诺贝尔化学奖得主之一，美国科学家卡罗琳·贝尔托齐（Carolyn Bertozzi）所凭借的就是生物正交反应。她开发的生物正交反应，能够帮助开发更有针对性的癌症疗法。

比如，改造一些小分子和蛋白质药物，给这个药物加上一个保护或者阻碍药物发挥药效的化学基团。在特定的环境下，能够通过生物正交反应可控地去除这些基团，释放药物。这样一来，小分子药物就可以更加准确地"轰炸"癌细胞，而不是"敌我难辨"。

这就是"生物正交前药"的原理。在美国，已经有一些药物进入临床试验阶段了,陈鹏也在做相应的研究。这一应用的难点在于如何触发相应的生物正交反应,陈鹏发现可以利用金属"钯"做催化剂,触发反应的发生。陈鹏解释,"这一方法的美妙之处在于,可以在细胞内的某一位置使用它,从而实现空间上的控制"。在未来,这一技术的应用可能是与每个人息息相关的。

尤其是在癌症的治疗上,陈鹏对前药的研究就利用了断键的技术。给蛋白药物加一个能抑制其活性的开关,特定条件下,利用断键反应脱笼开启这个开关,激活蛋白,让药物起效。

除此之外,断键技术还指向另一条通往治疗癌症的道路。细胞变成癌细胞,往往跟细胞内一种蛋白的异常有关。这种蛋白的学名叫作"激酶"。比如白血病,有一类就是白细胞中的一个激酶突变,导致癌细胞的产生。如果把基于生物正交断键反应的"脱笼技术"用在激酶上,就可以对激酶进行调控,让这种变异的激酶失去作用,抑制癌细胞的生长。这也是陈鹏的研究又一个领先国内外同行的地方。

但如何实现"精准"调控,同样困难。目前,人类还不能够完全认识激酶这种蛋白质。下一步,"要把激酶一个一个好好研究一下,(辨别出)哪些在癌变过程中很重要,哪一些其实不重要",才能实现"精准地驾驭它"。

癌症免疫疗法可能的新曙光

在过去的一个世纪里,癌症的免疫治疗一直是备受瞩目的课题。这一领域的研究突破曾获得诺贝尔奖。2015 年,得益于癌症的免疫疗法，美国前总统卡特成功摆脱了癌症的折磨。他当时患有肝癌和恶性肿瘤中发病率增长最快的一种——黑色素瘤。这是一种皮肤癌，被发现时，他的癌细胞已经扩散到了脑部。尽管卡特的癌症已经发展到了晚期阶段，但免疫疗法依然在短短的几个月内使他的癌细胞完全消失。

癌细胞扩散，是因为人自身的免疫系统失去了消杀癌细胞的能力。例如，癌细胞可以通过与免疫细胞表面的一种受体蛋白（免疫检查点）接触，释放一些信号，让自己逃离识别，躲过免疫细胞的攻击，从而在人体内不受阻碍地疯长肆虐。而免疫治疗的原理之一是，通过阻断这种接触，激活人自身的免疫系统，让免疫系统自发地去消灭癌细胞，阻断其在人体内的扩散。

2018年，美国和日本的两位科学家因分别发现了两种阻断免疫检查点接触的方法——都能够激发人体免疫系统的内在能力来攻击肿瘤细胞，而获得了这一年的诺贝尔生理学或医学奖。基于他们的研究，一些以阻断剂为原理的药物成功上市。陈鹏将新一代生物正交反应的应用投向免疫系统的激活，利用抗体和免疫检查点通过生物正交反应的共价结合，把免疫检查点蛋白彻底清除，这样一来，免疫系统就可以被激活。

他们利用了最新一代的SuFEx（六价硫氟交换反应）点击化学反应，通过遗传密码子拓展技术将活性基团安装到抗体表面，获得了可以和细胞表面膜蛋白共价结合的"胶水体"（GlueBody），并最终实现了免疫检查点蛋白的内吞和降解，在包括肺癌、乳腺癌、黑色素瘤等多种癌细胞中都快速介导了免疫检查点的"擦除"和免疫细胞的激活。借助这一技术，陈鹏将目光锁定在了"肺癌的免疫治疗"上，尤其针对晚期肺癌。因为在中国，肺癌是发病率最高的癌症。2022年2月，中国国家癌症中心发布了《2016年中国癌症发病率和死亡报告》。由于癌症的数据统计会有几年的延迟，所以这份基于2016年癌症数据的报告，是了解中国当下癌症状况最有说服力的证据。2016年有超过80万人被诊断出肺癌，近66万肺癌患者去世。

这成了陈鹏如今最核心的研究课题之一，也是所有研究课题中，陈鹏最想解决的难题。也许有一天，他的研究会对几十万人产生助益。

和陈鹏接触，很难不被他的热情打动。他语气温和，非常喜欢打比方，总是能把一个枯燥的专业问题生动通俗地展现在他人面前。他不吝惜跟一个外行人热烈地讨论那些深奥的生命问题。对生命本质的好奇，仍然是推动他日常研究的动力。

陈鹏并不是一个容易气馁的人，他一直都保持着理性，会时常给学生和自己打气，抵抗挫败感。他说："碰到问题都是正常的，（成功）都是在99%的失败当中摸索出来的。"对他来说，保持热情并不是一件难事。尽管在外人看来，科研"枯燥无味"，但在他眼里，"探索未知的世界，每天都会面临新的问题，要求你不断有新的点子和应对方法，这并不是一个重复性的工作"，而是"一种兴趣爱好"。

展望未来，陈鹏能够看到一幅"生命系统的分子图景"。10年后，人类将更加清楚构成生命体的重要元件是如何工作的，又是如何导致疾病发生的；20年后，基于这份更加清晰的图景，我们将找到更多具体的治疗技术；30年后，更多疾病将会被治愈，干细胞技术的突破，或许会让"截肢病人的腿重新长出来""烧伤病人的皮肤可以全部长好""老年痴呆会被彻底地消灭"。而癌症的治疗，就像去药店买抗生素一样容易，那意味着人类不仅能得到"寿命增长"，而且"能够高质量地活到长寿"。推进这些技术到临床，是陈鹏最重要的梦想。

当然，实现这些愿景，需要不止一代人的努力。

每年陈鹏的博士生毕业，他都会给学生们举行一个仪式，开一瓶香槟，并把学生的名字写在香槟瓶上，放在他的办公室里。对陈鹏来说，这是"一种精神的传承"。哪怕学生之后离开了实验室，他们也能带着在这里受到的训练、学到的知识，还有精神上受到的感召，在今后的道路上"追求卓越"。

生命奥秘的终极问题，仍吸引着全世界的好奇心。基于多学科的背景和越来越多"武器"的赋能——比如利用AI对蛋白质结构进行计算机模拟预测等，陈鹏知道，自己已经离那个奥秘的核心更近了一步。他希望自己做的这些事能带来一种力量，激励更多的人进到这个领域，进而大家相互激励。因为，"要有一拨人做这个事情，才可能有人做成功"。

对话陈鹏

杨国安：在化学生物学这个领域，你目前的研究重点是什么？你怎么确认它对研究生命问题是重要的？

陈　鹏：我在博士和博士后阶段的研究聚焦于蛋白质的功能解析与调控。在生命科学领域，蛋白质是一类中心分子。如果把我们人体的所有细胞比作一个个工厂，蛋白质就是这些工厂里的机器，DNA、RNA是形成这些机器的模板、蓝图，但很多功能都是蛋白质行使的。当发生疾病的时候，也经常是这些蛋白质出了问题。所以蛋白质的研究一直备受关注。

回国后，我保留了蛋白质的研究，但研究的一个重点到了生物正交反应、活细胞化学反应上。这是化学生物学里面一个关键的领域。生命科学的研究需要不断发展新的工具、新的技术、新的方法，而这些技术和方法中的一个重要的分支就是生物正交反应。

杨国安：**基于蛋白质和生物正交反应的研究，未来可以有哪些和普通人有关的应用？**

陈　鹏：我们目前的研究课题有肺癌的免疫治疗，还有神经信号成像，都和普通人相关。

神经信号成像其实是我们和其他实验室合作的课题。简单来说，人脑是最复杂的一个器官，我们在思考的时候，上亿的神经元一直在传播各种信号，我们看到的东西都是电信号、光学信号，开心的时候分泌多巴胺，抑郁的时候分泌其他激素……我们的合作者就想看到这些信号，因为先看到才能认识、理解。我们就想到一个办法，把这些信号用一些传感器转化成能够发光的带颜色的信号，把神经活动变成可视化的信号，有时候我们把它叫作"点亮神经活动"。

杨国安：**神经信号成像未来可以用在哪些方面？**

陈　鹏：那是很大的方向了。通过神经信号成像，我们就可以看到大脑活动的电信号和神经递质信号，比如老年痴呆，就是有一些区域的信号灯可能不闪烁了，那就说明没有神经活动，神经元可能都坏死了。还有一些异常的闪烁也可能代表发生了病变。

我们给合作者提供了这样一个底层的技术，他们在做的一件事是药物的筛选。通过这个观测平台，就可以看到加各种药物后神经信号的变化，看哪个药物能把它修复或恢复。

杨国安： 这些会成为一种创新的对抗疾病的机制吗？

陈　鹏： 机制没有创新，机制是自然界有的，人只不过是发现了它。机制就在那里，看你能不能发现，最终你需要发现一个又特异又安全的药。传统的就是分三个阶段，先研究机制，再研发候选药物，再往临床推。我们相当于打通一个新的路，就这同一拨人，可以接着往下做转化。因为是交叉学科，我们实验室，有人是从化学角度进行，有人是从计算模拟的角度进行，可能就发现了一条新的研究道路。

杨国安： 癌症的免疫治疗这个课题的研究目前到哪个阶段了？你觉得制约它发展的是什么？

陈　鹏： 我们自己的研究还没有到临床，因为我们想要解决的问题目前没办法解决。癌症的免疫治疗这个领域，其实2018年的时候就得了诺贝尔生理学或医学奖，已经有好几种方法都上了临床，而且已经治病救人了。这个前景非常广阔，但有一个特别大的问题，就是这套免疫治疗是一种非常个性化的治疗，不是对任何人都适用的。在医院里，医生会讲，这个免疫治疗，要让人好起来真的很神奇，能"起死回生"，但是这样的例子太少了，或者说，这种疗法特别挑病人。对这个病人管用就特别管用，对大部分病人又不管用。

人和人的个体差异太大了，这是个非常复杂的问题。这本来是一个革命性的技术，但现在却不能让更大的病人群体获益。我们现在的一些方法，就是去寻找这里面能管用的病人和不管用的病人区别在哪儿，最终希望从个性化的治疗里提出一个共性方案。

杨国安：最近你在科研上最开心的一件事情是什么？

陈　鹏： 最近在免疫治疗的领域，我们在做癌细胞跟 T 细胞相互捕捉的技术。我们希望能够像大海捞针一样，从癌症病人的血液中寻找和扩增出有效的免疫细胞，从而能够去杀伤对应的癌细胞。我们在这个方向有了一些进展。

杨国安：如果描绘你所在领域 30 年后的未来，你能想象到的是一个什么样的图景？

陈　鹏： 我觉得 30 年太长了，我想先从 10 年谈起。

我们现在对生命系统分子图景的认识，其实处在盲人摸象的阶段。很多时候，我们需要建立一个完整的分析图景，这需要整个化学生物学，甚至整个交叉领域的科学家来帮助生命学家、医学家一起建立。现在，医学还有很多疾病无法治疗，生物学家那边有很多问题没有答案，分子图景能帮助他们解决其中很大的一部分。10 年后，我觉得会有一个更全面的分子图景。20 年后，可能就可以根据这样一个分子图景诞生更多的治疗技术。我们一直强调，化学生物学的一个优势就是在建立分子图景的时候，附带着把一些治疗的技术同时解决，这两件事情是整合在一起的。我们也在做这样的事情，帮着理解免疫治疗的基础问题，同时又在做免疫治疗的新策略的开发。

30 年后，我希望有更多的疾病能被治好。比如干细胞的研究，往前突破的话，我们就可以加一个什么药，这样截肢的人的腿就长出来了，烧伤病人的皮肤就全长好了，刚才说的老年痴呆就被彻底地消灭了。不光是说人类的寿命增长，而且人类能够高质量地生活到长寿。还有就是对癌症的免疫治疗，也就变成像去药店买一盒抗生素一样方便。

杨国安：你最大的梦想是什么？

陈　鹏：在以基础科研为前提的情况下，能够做一些真正有用的工作。我们拿到的这些工具，最后能拓展成一种创新性的候选药物，在免疫治疗领域，能够推进临床。把这些知识转化为治病救人的利器，这是我们最大的梦想，也是我们一直以来奋斗的目标。

第五章
谱系示踪技术，
破译细胞的密码

周斌
微观世界的细胞捕手

科学家周斌长期从事为现代生物医学"打地基"的工作。他运用谱系示踪新技术，探索体内细胞的起源及命运，为疾病治疗和器官再生医学研究提供科学、准确、新颖的理论依据。

作为细胞世界的一位探路者，他研究体内细胞的命运，追踪细胞的前世今生，揭示细胞从哪里来，要到哪里去，最终目的是理解机体如何运转，并利用调控细胞命运来治疗相关疾病。

如果有一天，科学家们破译了关于细胞的全部密码，我们的器官能够再生，那么发病率和死亡率高居首位的心血管疾病将被攻克，癌症也将不再是难以逾越的山峰，我们的生命将得到更好的延续。

共绘生命的图纸

我们所有人都是这样来的,最初不过是一枚受精卵,继而分裂出约百枚胚胎干细胞,这些细胞分化和扩增,生长出骨骼细胞、肌肉细胞和神经细胞等不同类型的细胞,约九个月后,形成一个完整的人。

我们是由细胞组成的生物。成年人的身体里有40万亿~60万亿个细胞,它们非常小,大多数直径仅有几微米,需要通过显微镜才能看清。一个健康的身体依赖着细胞们的勤恳工作,细胞是"生命的积木"。

认识细胞,研究细胞的生命本质及活动规律,是生命科学永恒的主题。细胞一旦产生,就会面临分裂、增殖、运动、分化和死亡等各种不同的活动,这些活动共同描绘出了细胞命运。细胞无时无刻不面临选择:是保持现有的身份和状态,还是转变成另一种身份和状态?

细胞的世界深邃迷人,正如霍金所说:"我穷尽一生探究宇宙奥秘,不过另有一个宇宙同样让我好奇,这个宇宙藏在我们身体内——人类自身的细胞星系。"只有彻底地了解了这个星系,当细胞出现问题,人的身体出现疾病时,我们才知道如何去处理与应对。

科学家周斌就是那个在微观世界里追踪细胞的人,你可以将他理解为细胞世界的探路者。他致力于阐明体内细胞的命运,研究细胞"从哪里来,到哪里去,为什么要这么走,走这个路径是由什么决定的"。

在科学家眼中,每个细胞都是完整的个体,显微镜下的细胞宛如一颗完整的果实:磷脂双分子层构成了细胞膜;长条形的是线粒体，也就是我们能量的加工厂；蛋白质在内质网被加工和折叠；细胞质中间的核是细胞核，核里头包含着染色体，我们的DNA就存储于此。

每类细胞都有自己独特的样态，"心肌细胞体积很大，它有肌节，能收缩"，"有些细胞是圆的，有触角"，周斌谈起细胞总是兴致勃勃。在他的描述下，细胞的世界复杂而富有趣味，正如人类社会，大家样态不一，选择与命运也各不相同。

"那些形态和大小相似的细胞，很可能有不同的祖先；两个细胞，形态不一样，体积大小也不一样，但它们可能有同一个祖先"——把这些细胞的前世今生了解透彻，给它们做"家谱"，我们才能更好地理解人体运行的规律，寻找和研究疾病的治疗方法。

过去这些年，周斌通过谱系示踪技术，揭示了冠状动脉的发育起源，并证明了成体心脏不存在能够形成心肌细胞的内源性心脏干细胞；探索了肝脏血管的起源，并指出了成体肝脏中新生肝细胞的主要来源区域。这些关于细胞命运的研究工作，为心血管领域和肝脏领域提供了新的研究发展方向。

细胞命运与人的命运紧密相连，"规律"和"意外"共同构成了此间的命运感。因此，研究细胞的命运，绝不仅是钉在实验室里、远离人群的枯燥实验，它最终的目的是"探索生命奥秘，助力人类健康"。

是武器，也是种子

细胞命运要如何追踪？这经历了一个漫长的研究过程。

周斌念博士的时候，使用的是"外源性标记"：将细胞从体内分离出来，使用荧光染料标记，亲脂的特性使得染料能吸附在细胞膜上，使被标记的细胞产生荧光，从而可以被检测到。

这种利用染色标记细胞的方法相对简陋，不仅需要多个体外操作步骤，而且容易受到干扰。另一方面，当细胞不断增殖分裂，荧光也会被稀释或代谢，最后荧光会逐渐消失，细胞的运动便再也追踪不到了。

为了学习更先进的"示踪"技术，周斌在读博士后时选了哈佛大学医学院附属波士顿儿童医院刚成立不久的一个实验室，实验室的PI（学术带头人）是华裔科学家濮存清（William Pu）。在这里，周斌接触到了他最感兴趣的方向——用"遗传谱系示踪"（genetic lineage tracing）技术追踪细胞。

遗传谱系示踪技术是一项在DNA水平上进行标记的技术，使用可识别特定序列的重组酶，在特定的工具小鼠的DNA上进行修饰和做标记，从而实现对细胞的追踪。

用遗传谱系示踪技术追踪细胞，相当于把GPS（全球定位系统）嵌进了细胞的DNA里。因为遗传物质是比较稳定的，一旦细胞被遗传标记，无论细胞将来如何变化，比如迁移、分裂或增殖，这个细胞及其所有子代细胞都会带着目的片段。

在博士后阶段，导师比尔（即濮存清）让周斌做的第一件事就是构建转基因小鼠。这是遗传谱系示踪技术的重要一环。

在那个年代，构建转基因小鼠要经历一个极其复杂的过程。首先，实验者要从小鼠体内取出ES细胞（胚胎干细胞），即用基因打靶的方式，将目的基因导入ES细胞DNA，然后进行打靶筛选，确认打靶成功，这才算是得到正确的ES细胞。

接着，需要将带有目的片段的 ES 细胞注入小鼠的囊胚，得到嵌合体小鼠囊胚。培育转基因小鼠，这算是开了个头。

嵌合体小鼠从出生长大到性成熟，需要整整两个月。等小鼠成体了，实验人员将会获得第一批带有目的基因片段的小鼠，运气好的话，第一代小鼠中就会出现带有目的基因的小鼠，它们一般被称为"首建鼠"（founder）。

首建鼠"劳苦功高"，但它们往往不是理想的细胞追踪"候选鼠"，原因在于转基因片段是在小鼠基因组中随机插入的，有可能会插入一些抑制区，导致转入的基因不表达，或者插入一些增强区，导致转入的基因高表达，这些"基因阳性"都达不到"表达阳性"的效果。

所以，接下来，科研人员需要将首建鼠与不带目的基因片段的野生型小鼠交配，它们产生的子代，经过鼠尾基因型鉴定，并确定"表达阳性"的才是可以用来稳定实验的转基因小鼠。

不管科学家们多努力追赶进度，小鼠的成长周期是不会改变的，首建鼠性成熟需要两个月，首建鼠与野生型小鼠性成熟交配后，也得经过 19~21 天的妊娠期才能得到第一代子代小鼠，等子代小鼠从出生到性成熟，又要两个月——从基因打靶开始，一整套流程下来，"造"一只小鼠至少需要半年时间。

针对这只成体小鼠，还要再做各种实验去验证这只转基因小鼠到底是不是按照理想条件表达的。如果不是，需要从头再来。这个过程就是如此漫长、烦琐、充满未知。行内人都说，培育小鼠"跟开奖一样"，要一直等到开奖的那一天，才知道这六个月到底有没有白干。

博士后 4 年，周斌基本每天都待在实验室构建转基因小鼠，早上7点至晚上11点，如果有突发状况，通宵也是常有的事。一次，导师夜里偶然来到实验室，特别惊讶，问道："Bin，你怎么还在呢？"他不知道，这个中国学生几乎天天如此。一个博士后能做出两三个理想表达的转基因小鼠已经算不错了，周斌做出了10个，最忙的时候曾同时开展3个转基因小鼠的工作。

在波士顿儿童医院，他扎实地掌握了这项基础但关键的技术——遗传谱系示踪。利用基因打靶技术构建转基因小鼠，将带有特定启动子的重组酶基因整合到细胞基因组中，让它与携带报告基因的小鼠交配，最终在子代小鼠中实现利用同源重组技术追踪特定细胞。他掌握了追踪体内细胞命运的利器，这也为他后来寻找属于自己的科学命题埋下了种子。

寻找心脏干细胞

2010年，周斌回国组建实验室。他带回了当时最先进的谱系示踪技术，但他仍没有放弃对这一系统的优化。

传统技术使用的是"Cre-loxP"的单同源重组系统，它存在一些局限性，主要是非特异性标记，这可能导致一些假阳性实验结果。这也成为近年来很多科学问题出现争议的主要原因之一。

周斌想到，如果在传统的谱系示踪系统上再叠加一个新的系统，利用两种同源重组酶可以让示踪结果更加精准。

他打了个比方：一个教室有30名同学，想找到符合特定条件的同学，传统的单同源重组酶系统相当于只设定一个条件，比如"长头发"；双同源重组意味着提出两个特定条件，比如"长头发"且"戴眼镜"，这样筛选出的对象，会更加准确。

这项技术为他后来在心脏领域的研究发挥了巨大的作用。

是成为医生，还是成为科研工作者？年少时周斌曾经面临这样的选择。治病、救人，这是生命科学领域吸引他的原因，但实现路径却不同。临床医学是直面病痛，与死神进行拉锯战，是生命之"术"。但往根源上追溯，生命科学要解决的是生命之"道"：病痛从何而来？

本科阶段周斌是学习临床医学的，需要在医学院的附属医院实习，实习的第一站就是心内科，很多病人心肌梗死，心脏肥厚，心率衰竭，最后心脏泵血功能无法正常维持，只能通过一些强心药改善症状。

临床上遇到冠状动脉急性梗阻，搭桥和做支架都是行之有效的方法，但这两种治疗手段都只针对那些"即将要死的、还没死的心肌细胞"。而对于已经发生的梗死心肌组织，心肌细胞被纤维、瘢痕代替，医生便束手无策。

心肌细胞无法再生，也就是说，医生只能眼睁睁看着心肌梗死患者生命流逝，直到终结。想要救人，就要寻找细胞的再生之路。

"用基础研究去改变它。"这是周斌选择的路。2002年，周斌本科毕业后被保送到中国协和医科大学，师从我国著名干细胞专家韩忠朝教授。博士期间，周斌跟随韩忠朝教授在中国医学科学院血液病研究所学习，主要研究用血管干细胞移植治疗心肌梗死和下肢缺血性疾病，开始探索移植细胞在体内的细胞命运和治疗疗效。

毕业后他去了美国哈佛大学医学院附属波士顿儿童医院，在比尔实验室开始做博士后研究工作。在 2008 年，周斌利用基于同源重组系统的谱系示踪技术，发表了实验室第一篇被《自然》收录的论文，当时他回答的科学问题是，心外膜，即心脏表面的这层细胞，在心脏发育过程中的命运和功能。周斌还记得文章被接收的那一幕。当时他正在 13 楼用显微镜拍照，导师从 12 楼跑上来，大声地说："Bin, We get in（我们的文章入选了）!"两位华人科学家都很激动，可又都羞涩内敛，在无比激动的时刻，他们用握手表达了喜悦与互相致意。然后，周斌又回到了显微镜前继续工作。

2014 年，成为独立 PI 后的他首次在《科学》杂志上发表重要研究成果。他发现，冠状动脉很大一部分是由心内膜生成的，这个发现为心脏血管的新生提供了新思路。长久以来，因成熟心脏无法自我修复而导致心衰的结果不可逆，一直是医学界面临的难题。而除了心肌细胞再生，血管新生也是解决心肌梗阻问题的方式——前者解决的是血液直接动力来源的问题，而后者则是开辟更多血液流通路径。周斌团队的这一重要发现可以为临床心肌梗死血管再生治疗研究提供理论基础和新的研究方向。

在心脏内寻找具备心肌再生能力的干细胞，是无数科研人员努力摘取的皇冠上的明珠。

哈佛大学教授皮耶罗·安韦萨（Piero Anversa）曾是心脏干细胞研究领域的"明星"，他于 2001 年在《自然》杂志上发表的研究掀起了长达近 20 年的风潮，且由此诞生了从研究到临床的一整条"干细胞产业链条"。他的研究团队发现，心脏本身就存在能够分化成各种心脏组织的干细胞（它们被 c-kit$^+$ 受体标记，所以又叫"c-kit$^+$ 干细胞"），该细胞可以自我更新和分化，进而形成心肌细胞。安韦萨因此被认为是心脏干细胞疗法的开拓者、心脏领域备受尊敬的权威。他的研究，不仅结果令行业振奋，而且数据漂亮，实验图片非常精美。但后来科研人员发现安韦萨提出的 c-kit⁺ 干细胞可能是假阳性结果所致，因为 c-kit 基因在体内不仅表达在这些干细胞中，而且也表达在一部分心肌细胞本身，会造成细胞示踪的非特异性或者假阳性。

为了解决这个技术瓶颈，周斌建立了双同源重组介导的遗传示踪技术，利用新技术证明了成年小鼠心脏中的 c-kit⁺ 干细胞几乎不产生新的心肌细胞，安韦萨的结论很有可能是示踪假阳性造成的。

在科学家们的持续探索中，成体心脏干细胞的标志物逐个被否定，但他们依然无法下结论，很难彻底回答内源性心脏干细胞到底存不存在这一重要科学问题。

因为没有人找到"心脏干细胞"的特定标记，所以无法证实也无法证伪，这形成了研究的困境。手握双同源重组技术的周斌想到了一个"很酷"的解决方案：双同源既可以做交集——两个条件都具备，也可以做补集——周斌团队将小鼠心脏内除了心肌细胞外的其他所有细胞都标记上，如果被标记的细胞无一生成心肌细胞，这样彻底的排除法就可以证明：没有其他细胞能够变成心肌细胞，除了心肌细胞本身。

周斌成功了，虽然他得到的结果是阴性的。在科学界，科学家们听到阴性的结果，第一反应往往是沮丧。阳性往往代表"可行""存在"，阴性往往代表"全否""不存在"，没有什么比发现存在更令人欣喜的了。但对周斌而言，这个"全否"亦意义重大，它通过严密的逻辑和精准的技术，推动了一个无可置疑的结论的产生，为心肌干细胞与心脏再生研究科研史的改写，添了重重的一笔。

这项研究工作被发表在学术期刊《循环》（Circulation）上。2015年，担任这份高影响因子学术期刊主编的约瑟夫·希尔（Joseph Hill）称，这是他经手《循环》的两万多篇投稿中，唯一一篇没有经过修稿（除个别文字修订）就直接被接收的文章。

在周斌和众多科学家的努力下，安韦萨提出的心脏干细胞理论也走下"神坛"。2018年10月15日，哈佛医学院和布莱根妇女医院结束对安韦萨的论文的调查，认为他发表的文章中有31篇涉嫌歪曲或伪造数据，建议各大医学期刊撤回已发表论文。

这是周斌为心血管领域做的一次排雷，虽然没有实现"建设"，但却是真实的、珍贵的纠偏。

构建更精巧的系统，追踪更精准、更漫长的细胞命运

从2010年到2017年，周斌花了7年才把双同源重组系统研发出来。这7年，他将自己的精力分成两部分，一部分用来完成研究周期相对较短的课题，保证实验室有文章发，有一些拿得出手的成绩，剩下一部分精力留给"困难的事"，去走那段漫长的、"从0到1"的路。

对于转基因小鼠的构建，周斌会不断思考，自我否定，致力于得到一个"任何方面都无法击破的策略"，再去实施。同样一个实验，别人可能习惯于用传统技术简单搞定，周斌却很愿意花时间对各种同源重组酶进行排列组合，设计新策略并不断对其优

化，更加精确地去追踪目的细胞。他的博士生韩茂莹说："我们实验室的细胞示踪技术的优越性，就在于这种精确性。"

在建立双同源重组系统后，周斌并没有停止对"谱系示踪"技术的探索。2021年，他建立了一种新的检测体内细胞增殖的遗传学技术ProTracer（Proliferation Tracer，增殖示踪剂）。简单来说，如果说传统检测细胞增殖的方法是一台照相机，只能拍摄一个瞬间，即检测某个时间点的细胞增殖，那么ProTracer就犹如一台录像机，一旦启动，可以在数月甚至数年内不间断地记录体内细胞增殖，这对于检测增殖能力较低的细胞以及评估细胞增殖能力的动态变化过程非常有益。

这个系统的难点是需要同时兼顾重组酶的两个特性，即"诱导性"和"持续性"，"诱导性"可以更好地把控时间，"持续性"可以增加活力、提高效率，而这两个特性在单一重组酶的系统是难以调和的矛盾，周斌想了很久想出来个办法，"我让一个重组酶干'诱导性'的活，另外一个重组酶干'持续性'的活，用两个重组酶来实现一个系统的两个特征"。

具体拆解他的设计理念或许有些深奥，但每个人都可以触达的，是那种"经过艰辛思考找到问题解法"的成就感，聊到这个"复杂而巧妙的设计"，周斌的音量明显提高了，他的语气很轻快，这是他做科研的"奖赏时刻"——每次回想起来，"我就觉得那个时候设计出来这个策略很巧妙"。

利用新技术ProTracer，周斌回答了成体肝细胞来源的问题。

肝脏的基本结构单位是肝小叶，在肝脏的不同区域，肝细胞的增殖能力是有差异的。周斌要研究的，就是找出哪个区域的肝细胞在正常状态和肝损伤后修复再生过程中增殖能力最强。最终，他发现肝小叶中间区域的肝细胞是新生肝细胞的主要细胞来源。

周斌的这项研究于 2021 年发表在《科学》杂志上，其实这个现象在以往的研究工作中也可以观察到，但由于传统方法的信噪比过低，无法进行论证，而周斌利用 ProTracer 这个更先进的技术，设计出严密的论证体系，从而得到确定的结论。ProTracer 可以清晰地证明增殖的细胞是哪个，增殖的细胞在哪里。基于这两个方面，他才能够下结论，肝脏细胞的增殖主要集中在肝小叶的第二个区。

"今天又成功鉴定了一个非常优质的小鼠"

周斌非常喜欢生命科学那种充满未知的感觉——"它不是钉死的，不是永久性的，它可以发展，可以变化，我就喜欢这种，unpredicted、unexpected、open（不可预测、出乎意料、开放）的事物，我喜欢做这些事情"。

因为谱系示踪技术，他打开了细胞命运领域的大门，又将这个技术迭代到了今天，将它推向更广阔的应用领域。过去这些年，周斌利用谱系示踪技术研究过许多科学问题，为相关疾病的研究提供了重要理论基础。除了心血管领域，现在他也在做其他领域的与细胞命运相关的科学问题，比如肝脏、肺脏、胰腺中的细胞命运，这些都是他目前正在推进的课题。

比如肥胖问题。已有的研究结果只知道，人们肥胖是因为白色脂肪细胞的大量堆积，至于新生白色脂肪细胞的主要来源是什么，大家并不完全清楚。周斌利用双同源重组的谱系示踪技术，通过对脂肪组织血管周围多种不同细胞亚群同时进行遗传示踪，发现了成体脂肪干细胞。这也意味着，我们在脂肪研究领域又迈进了一步，为之后进一步研究白色脂肪细胞功能和机制提供了更精准的遗传靶向操作工具。

除了研究脂肪组织细胞，周斌实验室还研究了成体胰岛 beta 细胞的来源，发现成体胰岛 beta 细胞源于自我增殖，而非干细胞分化。

我国是世界上糖尿病患者最多的国家，平均每 8 个成年人中就有一人患有糖尿病。这种疾病具有很多并发症，包括心脏病发作、中风、肾衰竭、失明和截肢等。而胰岛 beta 细胞可以分泌胰岛素，具有降低血糖的功能，阐明成体胰岛 beta 细胞在体内稳态和不同病理状态下的来源，可以为糖尿病的临床治疗提供新的研究方向。

周斌深信，"生命科学研究是做出来的"，要边思考边做实验，生物学领域很多好的工作不一定需要最聪明的人，但一定需要严谨而执着的人，"生物医学基础研究给我的一个体会是，你可以想很多，但你不去做，就很难有重大发现"。

他对科学的热情令人印象深刻。在学生的眼中，他是天生搞科研的人，生活特别简单，恨不得只有科研，最让他开心的事情是，"今天又成功鉴定了一个非常优质的小鼠"。

在他做博士后时，他还需要自己构建转基因小鼠，而他的学生现在已经不需要了，实验室里现存的转基因小鼠品系已经有 200 多种，每种品系会传很多代，可能每一只小鼠身上都带了特别多的基因型，对科研人员来说，实验室的小鼠遗传资源还是比较丰富的。

每年，会有数百个实验室向他咨询转基因小鼠，他总是将小鼠无私地分享出去，推动遗传示踪技术在多个领域的广泛应用。周斌实验室有一个品系名叫"Apln-CreER"的小鼠，分享给了超过 80 个国内外实验室，这个品系的小鼠参与过的研究，最近被发表在《自然》和《循环》上。

交谈最后，他谈到了他此生的梦想，"能够在临床上，让心衰的病人得到有效的、彻底的治疗"。每年，我们国家都会有数百万人的心脏出现问题，因为心脏不能再生，他们生活在绝望之中。"如果能利用好的遗传学技术，找到有效促进心脏再生的方法，无论是心肌细胞增殖，还是异种心脏再造，只要是一种好的有效的方法，哪怕是先在小动物模型上实现了，能做出来都是一种突破。"

对话周斌

杨国安： 你的很多研究都是心血管方向的，为什么对这个领域感兴趣？

周　斌： 其实这还是受到我导师的影响。我读博士是在血液研究所，附属的医院也是中国最好的血液病医院。在当时那个环境下，我们所长也就是我的导师韩忠朝教授，他主要做的是血液和血管，我也在他的引导下接触了一些关于血管的课题，血管跟心脏分不开，心血管疾病很常见，所以我就做了一些心血管研究。他当时有个课题给我，就是干细胞移植治疗缺血性疾病，比如下肢缺血，严重的糖尿病足，还有比如干细胞治疗心肌梗死，促进血管新生等。因此，主要是受到我导师的影响，我才对心血管领域非常感兴趣。

杨国安： 你学生时代在临床的时候接触过心衰的病人吗？

周　斌： 我内科实习的第一站就是在心内科。有很多病人由于冠心病导致心肌梗死，或者高血压形成心脏肥厚，终末期会出现严重心力衰竭，也就是心脏泵血功能无法维持机体正常运行，医生会给患者一些强心药，但心肌细胞死了基本不会再生，我们只能眼睁睁看着病人生命流逝直到终结。那个时候接触病人后，我就思考是否有什么好的方法产生新的心肌细胞，促进心脏再生。

杨国安： 从单同源重组酶到双同源重组酶系统，这中间跨越了什么？为什么你当时想到了这个方法？它的难点是什么？

周　斌： 我觉得最重要的是，我很喜欢做细胞示踪，我非常热爱这个方向。回国之后的 10 年里，我一直在做同一件事情，就是研究谱系示踪技术。其实我博士后合作导师比尔最喜欢做的不是细胞示踪，他对分子机制特别是基因转录调控感兴趣，在他的实验室，我也做过分子机制，最后我发现我对细胞示踪感兴趣。后来我就学习了 Cre-loxP 同源重组系统，用 Cre 重组酶来示踪细胞，研究细胞在体内的命运。

在美国工作期间，大约 2010 年，我看文献时发现有一种新的同源重组酶，叫 Dre，它的同源重组效率接近于 Cre。我就想，两个效率差不多的同源重组酶结合起来使用做细胞示踪会不会更好呢？这个想法在美国时就有了，但因为当时有很多别的课题在做，而做这样一个新的课题是非常漫长的，可能五六年，也可能七八年，因为要构建很多新的工具小鼠，然后要把两个系统结合起来，需要很多时间投入。我也跟比尔讨论过，他也觉得两个结合起来肯定很有意思，但是需要很大的投入。

（当时实践这个想法）不现实，因为我快要离开美国实验室了，正在准备回国。

回到国内建立独立实验室后，我想解决心脏干细胞争论，就想到用 Dre 酶，我就开始建双同源重组体系。2010 年回国后便开始构想和构建，到 2017 年底才在《自然医学》（*Nature Medicine*）发表第一篇文章，这是我们第一篇系统地介绍双同源重组酶系统，以及如何利用它实现体内细胞精准示踪的论文。

所以总体来说是我自己喜欢做细胞示踪，然后在比尔那边学到了先进的遗传学技术，自己又想出了如何用双同源重组来实现体内细胞精准示踪。虽然时间比较长，但是如果这个方向是对的，慢慢做，总能把它做出来。做出来后发现，很多关于细胞命运研究的领域都可以用更精准的双重组酶系统去探索。

杨国安： 未来 10 年，在再生医疗领域，你觉得你们最有机会在哪些方面有突破？

周　斌： 我的实验室有两个主要研究方向。一是我们研究一个细胞的命运，比如增殖或者分化，也就是它是如何受到周围的环境影响和塑造的。虽然国际上有很多研究，但我们认为还有很多发展的可能，我们想研究的就是如何促进干细胞的自我更新复制。如果阐明了周围环境对细胞产生影响的信号通路，就可以去干预它以促进干细胞的增殖。

我们如何研究干细胞微环境呢？首先，需要明确周围或者旁边有什么细胞在影响它。现在很少有技术能够把它的邻居细胞给标记出来——这个细胞周围往往有一堆细胞，你不知道如何去特异性地标记这些邻居细胞。

我们建立了一项新技术叫作"邻近细胞遗传学技术",只要细胞间相互接触,就可以把这个细胞的邻居细胞点亮荧色,如果不相互接触就点不亮,这样就可以识别体内邻居细胞。现在可以利用该技术寻找体内细胞间的相互作用,而怎么调控细胞增殖、分化等细胞命运,我觉得是将来的一个新方向。

第二个研究方向就是我们建立了能够检测体内细胞增殖的技术,就类似录像机,可以持续地记录在某一个阶段新生的细胞,通过荧光蛋白清晰地展现细胞增殖的数量、位置等信息。我们可以给这种转基因小鼠喂一些药物或者改变一些基因表达,去研究在什么情况下会促进/抑制细胞增殖,为组织器官的修复再生提供潜在的治疗靶点。

杨国安: 最近在科研上,你觉得最开心的一件事情是什么?

周　斌: 为了解决科学问题,助力人类健康,即便科学探索的过程十分枯燥,但也会有惊喜出现:一个是发现了意想不到的现象,还有一个就是想出了很巧妙的实验设计。我们构建了好几个(转基因)小鼠,让它们交配,大约两年后才能看到数据,实验数据表明设计是奏效的,就特别有成就感。包括我前文提到的,用一个补集的思路,或者用一个系统去解决两个矛盾的事物。这个过程需要漫长的尝试和等待,可能有很多次失败,但最后成功了,实验数据证明设计方法奏效了,通过巧妙的设计实现了实验目的,那是最开心的一件事情吧,也是一种奖赏。

杨国安: 你最重要的梦想是什么?

周　斌: 我的梦想是我的研究成果能够在临床上使心衰的病人得到有效的、彻底的治疗。现在,对这些心力衰竭的病人,我们给的药物都是治标不治本的,只是减缓了症状,病人最后还是会由于心力衰竭而死亡,这种患者非常多,我希望能用基础研究去改变这种情况。如何让心脏再生呢?实现的路径有一种是让心肌细胞增殖;还有一种方法,就是异种心脏移植再造——比如在猪的体内培育出患者细胞来源的心脏,然后通过移植,给患者换一个新的心脏,这些都是我的梦想。

杨国安: 如果让你来描绘你所在的领域在我们国家 30 年后的未来,你想象到的是什么样的图景?

周　斌: 30 年变化太大,没人能够预测,现实生活就有很多不确定性,就像科研一样,你无法预测将来,你只能希望 30 年后的将来是什么样。

我希望未来 30 年,我们的科研更加发达,这要求我们一定要有原创性,有非常多基础研究的投入,我们的基础越强,就越不会被"卡脖子""卡脑子"。

就说我自己的领域吧,如果我能掌握世界上最好的遗传学技术,能够找到有效促进心脏再生的方法,无论是心肌细胞增殖,还是异种心脏再造,哪怕现在只是在小动物模型上能做出来,都是一种突破,从而为将来在临床转化做好基础。

假如全世界有 1000 个科研的细分领域,在 30 年后,希望这 1000 个细分领域有三分之一或者更多是我们中国领先的。我们国家要继续为基础科研培育良好的土壤,继续增加基础科研的投入,尊重学科发展的科学规律,让它逐步发展壮大起来。

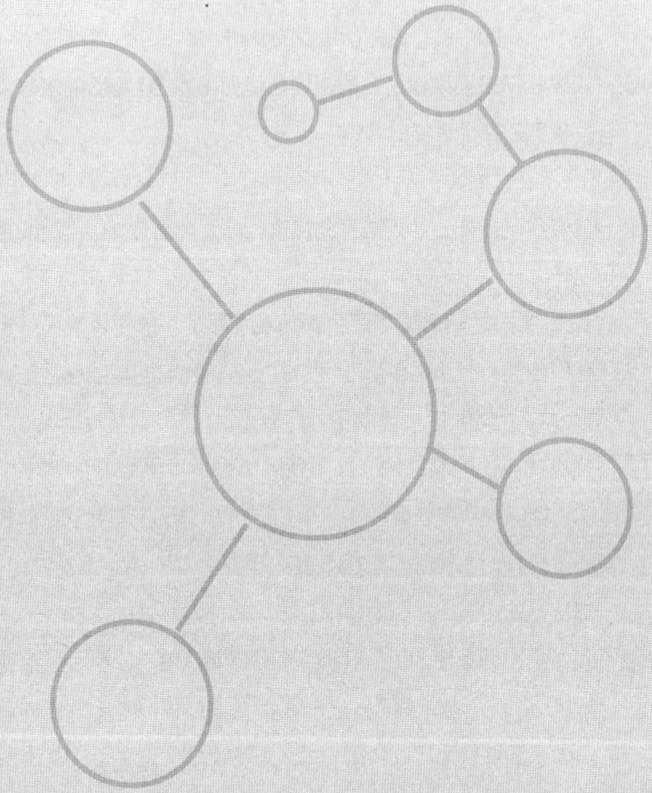

能源环境篇

更高效的能源，更清洁的世界

在人类文明发展史上，能源一直是人类重要而特别的朋友。

1765年，英国年轻的修理工人瓦特，改造了一台叫作纽可门的蒸汽机，拉开了工业革命的序幕。随着蒸汽机一起进入人类视野的，是煤炭，它让生产力直线飞升。人类开始拥有汽车，建造起工厂，扩大了城市。

1859年，年轻的美国企业家埃德温·德雷克，在宾夕法尼亚州，第一次用机械化手段采集到了石油。石油工业就此开始，石油变成像"黑金"一样珍贵的东西，取代煤炭，让机械系统从蒸汽机升级到更高效的内燃机，人类的动力跃上了新的台阶。

但在化石能源使用几百年之后，我们不得不面对它带来的副作用，比如环境污染、气候变暖、生态系统破坏、能源枯竭。1988年，联合国建立了第一个关于气候变化的跨国研究机构IPCC（联合国政府间气候变化专门委员会），标志着气候变化开始被放上桌面，成为一个全人类必须面对的重要议题。1992年6月，联合国又在巴西举行了"联合国环境与发展大会"，通过了《联合国气候变化框架公约》（UNFCCC），这份文件，成为人类应对气候变化的最高法律框架。

在今天，全人类面对的是两个数字。一个是500亿，一个是0。500亿吨二氧化碳当量，是地球每年排放到大气中的温室气体数量；而0，是我们的目标。全球各个国家已经做出承诺，要在未来几十年的时间里，将温室气体的排放量降低到零。

在这场艰苦的战役中，任何国家、组织和个人都无法置身事外。2020年9月，中国在联合国大会上宣布：中国将力争于

2030年前实现碳达峰，在2060年前实现碳中和。这彰显了中国积极应对气候变化，推动构建人类命运共同体的担当。

科学永远是社会中最关乎未来的部分，而科学家，就是船头的瞭望者。在实现"碳中和"和"碳达峰"的过程中，他们也是最重要的一群参与者。中国也有这样一群科学家，几十年来孜孜以求，为盘根错节的能源与环境问题，寻找有效的解决方案。而且在今天，在很多领域，他们已经站在了世界最前沿。

本篇就把目光投向了这些中国科学家。

他们从两个方面解决"碳"的问题。一方面是碳的减排，这意味着取代化石能源的新能源，需要以更低的成本、更高的效率将其"绿色"能源的效应在人们的日常生活中呈现出来。另一方面是碳的利用，将温室气体"变废为宝"，产出"有用"且不增加碳的排放。

新能源中的太阳能，是目前人类可使用的能源中，路径最短、效率最高，而且可持续利用的能源，是世界科研的热门领域，但在硅太阳能电池发展到一定程度后，也产生了亟须进一步突破的难题。北大教授周欢萍致力于研制新型的钙钛矿太阳能电池，并大幅提高了电池的效率和寿命。在她看来，与"上书架"一样成为"科研之美"的，是研究被用起来。

可再生电能的输运是一直以来困扰可再生能源发展的问题之一。然而，利用太阳能发电，再将产生的电能用来制氢，将氢气作为能源载体进行输运和利用，被行业认为是一条极有希望的路径。

北京大学化学与分子工程学院教授马丁，正深耕于氢能领域。他致力于解决氢能规模应用的挑战之一——氢气的储运难题。他找到了合适的催化剂，通过催化反应，将储氢介质甲醇和水低温高效反应释放出氢气。以甲醇和水作为介质实现氢气的高效储运，这个过程中，科学家就像魔术师，创造出"点石成金"的魔术。

运输问题解决了，下一个难题就是氢能的清洁高效利用。铂催化剂和膜电极是氢燃料电池发展的关键，也是国家面临的卡脖子技术，但其成本高昂，导致氢燃料电池规模化应用遇到很大挑战。北京大学材料科学与工程学院的郭少军教授长期致力于提高铂的催化效率，提升铂的催化性能，将其催化作用发挥到极致，并期望将家用氢能车的铂用量降低到5克，让氢能车的普及成为可能。

而在二氧化碳的资源化利用方面，天津大学副校长、化工学院教授巩金龙早有预判，他和团队十多年来致力于此。当初，这还是一个几乎空白的领域，巩金龙和团队从零开始，试图建立起新型二氧化碳催化转化反应体系，让二氧化碳进行光电反应，使之产生甲醇等工业基础原料。让二氧化碳从一种排放物变成资源，这是真正的"变废为宝"。

能源方面的所有努力，都是为了从源头上保证世界朝着人们心目中的"清洁"方向前进。清洁能源，在环境问题越来越复杂的当下，已经成为应对大气污染和气候变化的必由之路。在过去20年里，清华大学环境学院的王书肖教授一直深耕于这个领域。她建立了大气污染源排放清单，让全国的污染排放情况清晰可见；在此基础上，她研发的空气质量调控技术平台，通过评估与预设，为环境政策提供最清晰的指导。中国的环境改善之旅，她是见证者、参与者。

在我们的采访中，科学家们多少会讲起触动过他们的瞬间。

周欢萍记得的是，她小时候是在一盏昏暗的煤油灯下学习的，所以她希望能做出贡献，让世界任何一个角落的孩子，都能在明亮的灯光下读书。王书肖记得的，是她高中时家乡水沟里的污水，是患癌症的人们，这些刺激了她，让她想要改变。而郭少军记得的，是他大学时代，两位导师大年三十因为沉迷工作，被锁在了实验楼，那给他一种强大的精神动力。

科学从来都是孤独而伟大的历程。每天，从第一缕阳光照射下来的时候，周欢萍团队的实验就开始了。王书肖每天起床后做的第一件事就是拉开窗帘，看看当天的天气。而就在不远处，在郭少军位于北大的三间实验室里，机器仍在发出粗重的颤音。

科学家们在日复一日的尝试中，在千回百转的折返中，逐渐迫近真理，找到那个最优解。也正是他们的努力，最终将引领全人类抵达那个更高效、清洁、可持续的未来世界。

第六章
解决能源贫困，
让无限阳光为人类文明服务

周欢萍
造一块最能"驯服太阳"的电池

  太阳能引发的新能源革命正在改变世界，如何将无限的太阳光转换为更廉价、更高效的能量，从而为人类提供恒久的服务，成为科学家们不断探索的课题。其中，钙钛矿太阳能电池非常有望成为颠覆性新兴光伏技术。

  十多年来，科学家周欢萍扎根于此，研发的钙钛矿太阳能电池的光电转换率和稳定性大幅稳步提升，她和同行将此材料带入大众视野。她认为，钙钛矿的低成本，高效率，丰富的使用场景，为人类带来了巨大的希望，太阳能电池会普及到每一个村落，每一个家庭，改变人类的生活。同时，她也像艺术家一样，用美感和想象力制造它，实现真正的能源艺术。

"魔法之尘"

在新书《驯服太阳》中,美国物理学家瓦伦·西瓦拉姆(Varun Sivaram)这样描述2050年的地球——

"蓝色星球三分之一的电力能源都来自太阳。人们住在拥有太阳能光伏涂层的房子里,刷上它们跟涂油漆一样简单、便宜。太阳能发电材料会使坐落在城市之中的建筑变得色彩丰富,充满活力。

太阳能不仅可以发电,还能生产燃料,它成为人类生活最主要的能源。最大的太阳能电网横跨北美与亚洲,向数十亿的设备发送信号,包括最常见的空调和热水器。连世界上最穷困的地方,那些脆弱的屋顶也能装上太阳能光伏材料。能源不再贫困,所有的星球住民都能获得电力供应,获得一个美好的光的世界。"

"太阳能引发的新能源革命改变了世界,人类迎来了最终驯服太阳的时代。"瓦伦·西瓦拉姆写道。

现实中,这个"驯服太阳"的时代开始于1954年。

那一年,美国贝尔实验室制造了第一个拥有实用价值的硅太阳能电池,当时,《纽约时报》称这个伟大的发明为,"使用无限阳光为人类文明服务的一个新时代的开始"。

随后的60多年间,人类在驯服太阳的过程中不断寻找新的突破点。第一代晶硅太阳能电池是使用历史最久、应用最广泛的太阳能电池。发展多年,晶硅太阳能电池的光电转换率已经触及天花板，其成本也难以进一步下降——对太阳能电池来说，光电转换率是非常重要的指标，光电转换率越高，意味着能够将越多的太阳光转换成电，发挥更大的能效。随后，第二代太阳能电池诞生。这一代电池主要以各种薄膜为吸收层，材料制备更简单，器件生产技术更容易，但此类薄膜材料由于性价比并没有达到预期，至今未能大规模生产、使用。

在《驯服太阳》中，瓦伦·西瓦拉姆提到，在2011年左右，有一种特殊的名为"钙钛矿"的材料引发了"太阳能淘金热"，那时，世界上许多研究者放弃了之前的项目，纷纷投身此处。瓦伦·西瓦拉姆将钙钛矿称为"魔法之尘"，因为它能够"把古怪的太阳能电池变成光鲜亮丽的设备"。

钙钛矿太阳能电池诞生于2009年，并在2012年进入研究爆发期，迅速地在全球范围内得到了关注。2013年12月20日，钙钛矿太阳能电池入选美国《科学》期刊评选的"2013年十大科学突破"。纳米材料学家、麦克阿瑟天才奖得主杨培东说："钙钛矿是一种新型的半导体，给了整个科学界一个非常开放的命题。"

39岁的北京大学材料科学与工程学院教授周欢萍，研究的正是"魔法之尘"——钙钛矿太阳能电池。

"魔法之尘"的外表看起来很普通，在实验室中，钙钛矿太阳能电池是一个1.5厘米×1.5厘米的器件，只有指甲盖大小，薄到得用镊子夹起来，颜色也是不起眼的墨黑色。与外观相反，作为第三代太阳能电池，钙钛矿太阳能电池拥有梦幻般的性能：成本低、性能好、易折叠且光电转换效率高。采访中，周欢萍也连连惊叹它的神奇、美妙和可能性。

至于它怎样神奇，周欢萍做了一个简单的对比。第一代太阳能电池晶硅太阳能电池走过了接近 70 年，光电转换率才达到了 26.8%，而钙钛矿太阳能电池从 0 到 25.8%，只用了十余年的时间。而在这十余年中，周欢萍和她的团队多次实现了钙钛矿材料和太阳能电池技术的突破，推动了这一材料从学术界走进大众视野。

高效率

钙钛矿材料有一种特性——在适宜的温度，适宜的时间，适宜的环境，它能很容易地变成一个漂亮的晶体。制造它的过程，条件简单，成本低廉，却能够拥有很多想象力，周欢萍很喜欢这个神奇又憨厚的家伙："跟养多肉一样，容易养，又很容易长得漂亮。"

相比周欢萍此前研究的纳米材料的"小"尺寸和特殊性能，太阳能电池显得"更宏观"，用途也是直来直去，研究太阳能电池有一种"直给"的快乐。研究人员花一天时间做出一批器件，做完便可立刻测试，测试过程也很简单：将器件放到模拟太阳光下，或者甚至放到小推车上，推出去直接晒太阳，性能的优劣立现——哪一层材料出了问题，哪一处电极做得不好，效率究竟如何。一天的工作，成败"立等可取"；研究要继续还是要转向，一场日升日落的时间，你就能得到答案。

初入光伏领域时，周欢萍要攻克的就是钙钛矿太阳能电池的光电转换率问题。当时市面上的晶硅太阳能电池光电转换率都在 20% 以上，但钙钛矿太阳能电池的光电转换率只有 10%，这个数值让这个寄托着无数人期望的新兴技术正在实验室徘徊。想让这个新材料获得市场认可，真正被"用起来"，是周欢萍和她的团队亟待解决的问题。

压力和快乐并存。那时候，她在美国加州大学洛杉矶分校读博士后，实验室的同学们来自各个学科，有人像她一样研究化学和材料，也有人从物理、电子、机械、电气工程专业来，每个人都有自己擅长的领域，也有自己不曾涉猎的、空白的知识领域。

每天都是新鲜的。更重要的是，钙钛矿给了她无限的可能，不同的学科交叉和碰撞，大家聚在一起，通过不同的视角观察一块电池，讨论怎么让它更好地发电。

也正是这种碰撞，让周欢萍的研究取得了重要的突破。在实验期间，一个同课题组不同专业的同学想从光学角度分析一下材料的光学行为，将钙钛矿材料从无水无氧含有惰性气体的手套箱拿出，放了一阵后，钙钛矿的电子寿命变长了。这是一个重要的发现，大家很惊讶，开始思考是什么改变了电子寿命。

可能是水汽？

钙钛矿是离子晶体，很容易溶于水，就像食用盐，也是离子晶体，丢在水里就溶解了。正因为这一点，过去研究者们都认为钙钛矿特别怕水，绝不能和水放在一起。但是，这次不同学科的观察让周欢萍付诸行动，或许有另外一条无人走过的路。

她用小石头做了一个比喻。晶粒与晶粒在一起，就如一堆一堆小石头，她的目标是让小石头们慢慢长大，长成一个大石头。如果石头之间的边界有了缝隙，就会变成一个陷阱，太阳光进入后产生的电荷，走着走着就卡住了，绊倒了，陷在边界之中。因此，在石头堆中制造一个光滑的、顺畅的边界很重要，它可以让光子进入后产生的电荷自由、自如地行走在石头之间。水汽，或许就是那个重要的帮手。

想要太阳能电池发挥更大的能效,一张优秀的薄膜必不可少。周欢萍直接在空气中生长钙钛矿薄膜,通过一定的空气湿度影响,易溶于水的钙钛矿晶粒也就是那些小石头的边界微微溶化,和别的小石头长在一起,像滚雪球一样,石头们越靠越近,越长越大,边界也越来越光滑,从而打破了钙钛矿"谈水变色"的瓶颈,并实现了技术的突破。

在周欢萍的讲述中,那个薄膜像一件艺术品,散发着镜面光泽,不粗糙,很平滑,晶粒连续不断,没有孔洞,她形容,就像铺了一条顺畅的石子路,连贯畅通,石子与石子很紧密,没有缝隙,也没有坑洼。

那段时间,她每天都特别开心,白天制作的器件,晚上就能测量,"每天都觉得(数据)长一点,又长一点"。直到 2014 年年初的一天,晚上 10 点多,她和团队伙伴看到屏幕上的光电转换率达到了一个前所未有的数字,她们立刻打电话给导师杨阳:"您猜我们的效率有多高了?!"

19.3%,这是当时的最高效率。接近 20% 的效率也意味着这个最新的太阳能电池更有机会走出实验室,走向市场,走向外面的世界。在那之后不久,她的钙钛矿太阳能电池光电转换率多次达到国际领先水平,目前实验室的效率已经实现了 25.8% 的认证效率。

只有冒险者才有希望做出完美的"汉堡"

钙钛矿太阳能电池有很多优点,同时也有不容忽视的三大缺陷：不稳定、含有毒的水溶性铅、大面积制备难。

相比传统晶硅电池（焊料需用到铅），尽管钙钛矿太阳能电池含铅量较少，但它遇水易溶解，若是太阳能电池板受损，雨天时铅就会随着雨水泄漏。为了解决这一问题，近年来，科学家们一直试图在铅流入环境前拦截它，目前世界各地研究团队研发了增加铅离子固定支架、添加与铅反应后不溶于水的物质、吸收铅离子的有机物等方法，已经实现了毒性的弱化。与此同时，非铅材料的钙钛矿也在研发过程中。

周欢萍认为，相比其他问题，"不稳定"是钙钛矿太阳能电池最大的缺陷，解决稳定性就是实现大规模量产的关键。早年间钙钛矿的稳定性只能保持几秒钟，最多几分钟。现在，尽管钙钛矿太阳能电池已经能在户外条件下运行一年，但是相比很多商业化的无机太阳能电池，它并没有实现在高效率下的过硬的稳定性。周欢萍团队想要在不牺牲光电转换率的条件下实现它的高稳定性，即便在正午的阳光下，它的老化、衰减都可以延缓。

作为光伏领域的新生事物，钙钛矿太阳能电池的数据积累不超过10年，对周欢萍和团队来说，要解决稳定性的难题，只能付出更长的时间进行实验，并开发加速老化的实验。当然，钙钛矿作为新材料，它有无限的可能，也有独属于它的材料之美。

它与许多元素结合，会产生意想不到的结果。一次实验中，周欢萍团队大胆地将少量稀土离子加入钙钛矿活性层，稀土离子起到了催化作用，消除了钙钛矿不稳定的缺陷，同时也不牺牲自己，在连续太阳光照或85℃加热1000小时后，它还可以保持原效率的90%左右。这篇论文也发表在国际期刊《科学》主刊上。2019年3月，周欢萍课题组又提出一种新的消除机制，在钙钛矿活性层中引入氟化物，这再一次提升了光电转换效率和长期稳定性。

钙钛矿材料的另一个神奇之处，在于自我修复的能力。白天，它经过太阳光照发生了离子迁移，随着时间的推移，效率逐渐下降甚至失效。到了夜晚，钙钛矿材料里的离子又会慢慢地、一点一点地跑回原来的位置。像人一样，睡会儿觉，又恢复了精神。周欢萍团队新论文的方向，是如何利用器件结构的设计优化，让钙钛矿白天少衰减，夜晚多修复。近期，课题组实现了太阳能电池在高温（85℃）、高光强下的稳定输出。

"缺陷是一个永恒的命题。"周欢萍说。这个英文名为"Happy"（与中文名谐音又近义）的科学家人如其名，在与永恒的命题做斗争的过程中，她勤奋、专注、乐于向前，即便脱臼也没有向实验室告假，"你说打了石膏我能去哪儿？"，"（去实验室）也是一个习惯"。

她以不懈的"修复"对抗缺陷。她心中有一个完美的钙钛矿结构：一个双层的"汉堡包"，上下两片"面包"是电极，两层"牛肉饼"功能层可能是运用了叠层技术的晶硅和钙钛矿，或者钙钛矿和钙钛矿，周围配上"生菜""洋葱""芝士"，它们作为传输界面，可以使"汉堡"形状完整，防止"牛肉饼"和"面包"相碰。这样的一个理想型的"汉堡"，拥有高效率、高稳定性、低成本的特性。

在周欢萍看来，科研的快乐、有趣和新鲜感远比困难大得多，"做着做着可能就会发现新东西"。这也是钙钛矿不断吸引她的原因，它像一件艺术品，不论怎么折腾，怎么解读，怎么与其他物质结合，怎么展开想象力，它几乎都不会让人失望。

如今，周欢萍已经是太阳能领域的明星科学家，获奖无数，包括国家自然科学基金委员会"杰出青年基金"、全球第 18 届《麻省理工科技评论》"35 岁以下科技创新 35 人"奖、2019 年首届"科学探索奖"、中国青年女科学家奖、中国科学十大进展……业内评价她为"新型太阳能的创新者"。

"用起来"

在带领团队多次突破钙钛矿太阳能电池的光电转换率和稳定性关键技术后，如今，周欢萍面对的也是整个光伏行业最重要的课题：作为"业内最看好的具备商业化前景的新兴光伏技术"，钙钛矿太阳能电池如何才能被真正地"用起来"。

在新书《驯服太阳》中，瓦伦·西瓦拉姆也提到了这个问题。为了控制气候变暖，到 21 世纪中叶，太阳能要满足人类多达 1/3 的电力需求，而当前，太阳能发电只占世界总发电量的 3%~5%。因此，西瓦拉姆认为，太阳能要能被储存才能蓬勃发展。也就是说，光提升电池效率还不够，科学家们需要解决更多的难题。

周欢萍说，在钙钛矿发展初期，有很多低垂的果实，你只要有想法很快就可以把果子摘下来；现在，树越长越高，想要摘果子你只能爬树，只能往上不停地够。想当初，她刚进入这个领域时，初生牛犊不怕虎，什么都要做；但现在，全球有几百个钙钛矿太阳能电池课题组，每年至少有 5000 篇学术论文发表，同质化的问题也随之出现——而这也是需要科学工作者拿出更多冒险精神的时刻。

但这也是她当下面临的难题之一：现在的年轻学生们有时过

于保守了。

拿在钙钛矿中加入稀土这件事来说，周欢萍在向博士期间的导师严纯华院士请教，并多次和学生讨论，对其劝说后，学生才开始尝试。实验结果很好，比原先预想的、设计的都要"精彩"。周欢萍发现，年轻一代可能有顾虑，有人觉得自己能力不够，有人觉得风险太大，有人希望做更保本的选择，看不到希望的时候可能会选择退一步。

周欢萍希望学生们能多闯入无人区，不需要考虑太多未来科研工作给自己带来的收益，只要方向对，就应该勇敢地向上攀登，最令她开心的就是"每一个同学都有朝着目标不懈奋斗的这股干劲儿"。

当年，她到美国加州大学洛杉矶分校（UCLA）做博士后，导师是有机光伏领域国际著名科学家杨阳，他的团队曾创下多项世界纪录，后续也被汤森路透（Thomson Reuters）评为"全球最重要的十个钙钛矿研究小组"之一。

杨阳在2020年的一篇自述文章中讲述了他独特的培养学生的模式：学生在完成毕业论文后、离开团队前，如果能提出一个从未做过但又不偏离课题组核心的点子，他便会提供一笔基金，支持学生去实践那些"异想天开"的想法。勇敢创新也一直是他每次站在人生十字路口时的选择，他的经历给了周欢萍指引，也在她不够笃定的时候给予她支撑和力量。

周欢萍传承了师门的风格。无论是在空气里制备钙钛矿，还是在钙钛矿活性层加入稀土离子，都是大胆的创新。一个敢于冒险的科研工作者，遇到了一个拥有无限可能的新材料，由此碰撞出了迷人的火花，也推进了第三代太阳能电池的发展。

目前，尽管钙钛矿太阳能电池暂时没有大规模量产，但对它的应用场景，科学家们都有很多的期待，比如，把它做成叠层电池，变成一个更便宜、高效的太阳能涂层，用于大规模发电；用于建筑一体化、太阳能键盘、太阳能汽车、野外发电；它足够轻薄，柔软，可以变成穿戴式的发电器；它还可以上天，叠成薄薄的样子放进卫星，到了太空，再舒展开来使用——摆脱了水氧的影响，又具备高于传统无机太阳能电池的高能粒子辐射硬度，钙钛矿太阳能电池在近太空等极端环境中也大有用武之地。

周欢萍也畅想过钙钛矿太阳能电池"用起来"后的世界：稳定性的问题解决了，钙钛矿太阳能发电可以在任何一个小村庄落地，只需要很小的地方、很便宜的投入，每家每户都可以用到太阳能发的电。场景日常而普通，但却是颠覆性的，能源技术进步创造了新世界。

在周欢萍看来，"用起来"就是太阳能电池的"科研之美"，她希望自己的研究能真正落地。"用起来"这个词她反复提及，相比于"上书架"，"用起来"可能需要更长期的基础研究自由探索。她目前更希望自己的研究被市场接受，被人类使用，在为"上货架"努力的过程中，她也会获得实实在在的价值感。

对话周欢萍

杨国安：在众多太阳能电池中，你为什么会选择做钙钛矿太阳能电池？钙钛矿有什么样的特点吸引你？

周欢萍：做钙钛矿太阳能电池也是机缘巧合。当时，我看到领域内有那么两三篇文献在做钙钛矿材料，我特别想有一天自己能发现一个真实的材料，钙钛矿恰好满足了我当时的想法。这个材料可以用溶液的方法来合成，而且它的生长温度和有机材料差不多，这个非常吸引人。钙钛矿材料相对有机材料没有那么复杂，有机材料需要长时间合成，需要精确的设计，但是钙钛矿呢，原材料在网上就能买到，只要我控制好材料的生长，那我就可以得到钙钛矿。另外，它有很好的发展曲线，生长曲线特别陡峭，我被它吸引住了，很快就觉得这可能是未来的希望。记得之前看过一个节目，有人问美国的一个特别有名的科学家，你觉得凭钙钛矿能拿诺贝尔奖吗？他是这么回答的："我不好说哪个材料能拿诺贝尔奖，但钙钛矿给了我们很多研究的空间，它给大家提供了太多的可能性。"

杨国安： 你从博士后开始专注钙钛矿太阳能电池的研究，如果要描述这个领域这么多年的变化，你觉得有哪些节点是非常重要的？

周欢萍： 首先是 2009 年，第一次有科学家把钙钛矿材料应用于钙钛矿电池；2012 年左右，它的光电转换率突破了 10%，这个 10% 是一个节点；后来，效率突破 20%。突破 20% 代表什么呢？代表大面积可能会做到 18% 左右的效率，这个节点也值得关注。还有一个未来的节点，就是钙钛矿超过晶硅的效率的时候，这个节点也蛮重要的。

杨国安： 钙钛矿太阳能电池的出现以及未来的产业化，对普通人来说意味着什么？它会怎么样改变人类的生活？

周欢萍： 首先就是廉价的电力。如果它最后成功应用到市场，那么普通老百姓都会获得廉价的电，也不需要以一定的环境污染为代价来获得清洁的电能。包括建筑一体化，我们的屋子、窗户、墙壁、屋顶，都会用上这一款太阳能电池，我们的生活会进入一个更低碳的环境。

杨国安： 目前，钙钛矿的产业化是很重要的一件事情，2019年你的研究提升了钙钛矿的稳定性，对它的产业化产生了很大的推动作用。当时是什么灵感使得你取得了这个突破？

周欢萍： 这些都比较偶然。我过去跟着严（纯华）院士研究稀土离子。回国后，在严院士的支持下，我们一起联合培养学生。他也给我支了一着：稀土对于传统氧化物的结构有稳定的作用，（那）对钙钛矿有没有稳定的作用？稀土又分轻、中、重，每一种我们都往里加，（但）好像加了这些稀土没什么特别的作用，（后来）我们团队发现一个变价稀土，有用，才有了后面的实验。应该是偶然发现变价稀土金属的作用，又找了很多佐证方法，证明它的工作原理——就是一个循环的氧化还原的过程，好像很简单，有点大道至简（的意思）。

杨国安： 这些年，你的研究方向似乎一直都在修复钙钛矿的缺陷，一直与缺陷打交道是什么感受？

周欢萍： 现在科研组做了很多跟缺陷相关的研究，比如钙钛矿在光电热下的不稳定性，会分解，会逃跑，跑和分解会带来一些缺陷。我们做的有一部分工作就是对缺陷进行一些抑制和修补，尽量使薄膜少产生缺陷。另外，如果产生了多少（缺陷），我们要将其修补回去，尽可能确保钙钛矿薄膜不会失效。我总觉得缺陷是一个永恒的命题，大家可能觉得目前还有一些问题没有解决，就好像被"卡脖子"一样，但其实这背后的原因可能是缺陷卡住了我们材料的吸收和传输。所以，缺陷是永恒的命题。

杨国安： 最近在科研上你最开心的一件事情是什么？

周欢萍：我最开心的事有两个。第一个情景是：我跟学生一起交流如何从源头上做一个什么重大的创新，并付诸行动。第二个情景是：有一个同学有一些跟别的研究很不一样的创新想法，我和他一起探讨这个技艺，看它是不是创新，并且是不是会有效果。

杨国安：你最重要的梦想是什么？

周欢萍：现在科研的梦想，一方面，特别想从创新的角度看能不能在现有的体系上发展一些方法，一些不可多得的方法，一些独特的方法，并且让这样的方法发展成一个技术，最后能让我们的产业化获得成功。另一方面，我真的发明了、发展了一种新的材料，没有人做过的一种，并且希望我做出的方法或材料能够真正实现价值。

杨国安：如果让你来描绘你所在领域中国 30 年后的未来，你能想象到的是一个什么样的图景？

周欢萍：30 年后，我们就要碳中和了，产能产量出口都有好几倍，甚至几十倍的提升吧。从技术层面上，我可能会觉得有主流的两种技术，一种叫作"钙钛矿单结技术"，一种叫作"叠层技术"，在不同的市场上、不同的细分领域内发光发热。在太空上也有我们的这些电池。因为碳中和需要技术进步，所以我们一辈子的科研都会很有价值感，我自己觉得有成就感，也会觉得幸福。

第七章
助力"碳中和",
让人类拥有一个清洁的世界

马丁
用催化变魔术的人

在未来,人类如何实现"碳中和"?

氢能是实现从化石能源过渡到可再生清洁能源的重要路径之一。2012年,北京大学化学与分子工程学院的马丁教授开始了氢气储运的科学研究。氢能的大规模应用受制于氢气高效、安全的储运。而他勇于攻克该难题的"武器",便是"催化剂"。

"Pt/α-MoC"就是这一反应中的催化剂,在五年的大胆设想与密集实验之后,马丁团队终于找到了。通过催化反应,把气态的氢气和二氧化碳合成甲醇,等运到目的地,再把氢气释放出来,"金蝉脱壳"。这项研究如今也成了国内的发展重点。未来,一个清洁的世界,指日可待。

魔术师

作为北京大学化学与分子工程学院的教授,马丁每年招生的时候,为了吸引学生,总会用一个词来形容他和同事们所从事职业的美妙——"魔术师"。

一个化学家,就像化学世界里的魔术师,总在寻找和创造新的东西。不管是设计一个新的催化反应,还是找到一个能让已有的反应过程变得更加高效的催化剂——都是马丁追求的目标。马丁的日常,更多的是和催化剂打交道。

"魔术师"马丁的催化剂,最终会作用于两个元素:氢和碳,这是他的科研过程中最重要的两个伙伴。

氢,被寄予着成为未来能源的期望。2020年,在第七十五届联合国大会上,中国提出,将力争在2030年前实现碳达峰,在2060年前实现碳中和。世界各国都十分重视开发新能源,同时关注对生存环境的保护(即减少碳排放)。而氢能源作为化石能源的潜在替代者,在实现碳中和上,有着其他能源无法比拟的优势。

阻碍氢能源大规模应用的瓶颈之一,就是氢气的储存和运输。"现在氢能应用的前端生产和后端应用都已经有了成熟技术,研究的重点应该放在连接前后端的氢气储运这一中间环节上。"马丁说。而他在做的,就是利用催化剂将氢气转化为甲醇进行储存和运输,需要使用氢气时再将其从甲醇中释放出来。攻克这个科技难题,就需要上演一个"金蝉脱壳"的魔术。

碳,即使未来中国实现碳中和,我们依然离不开它,碳是自然界中万事万物的重要组成部分,也是构成生命有机体的主要元素。马丁在其中探索的,是碳资源的转换,利用催化剂,将一氧化碳、二氧化碳、甲烷这些含有一个碳的化合物,变成更高价值的化合物,如润滑油、高级化妆品的原料,将源于天然气、煤和生物质的合成气制成油品和高值化学品,这也是目前被认为是最有可能代替石油化工过程的途径——这便是另一个"移形换影"的魔术。

这些都离不开催化剂。催化剂通常也被称为"触媒",意指像媒人一样,牵线搭桥。马丁对"触媒"也有一个非常贴近日常的解释——原本,你和你的对象,在茫茫人海中无法相互识别,媒人一串起来,你们就容易碰撞出火花,产生感情,终成眷属。一个化学反应,比如煤要变成油,本来需要跨越一个很高的山峰,经历多年的时光,但是有了"触媒"的助力,在很短的时间内,在相对温和的条件下,它稍微爬一爬,也许就可以另辟蹊径绕过高峰。

这是一个漫长的找寻过程。一种新的催化剂,或一个新的催化反应的发现,充满着各种偶然因素,科学世界里没有真正的魔法,而是更依赖于持之以恒的努力。招生的时候,马丁最喜欢问学生一个固定问题:"你肯定想做比较难的反应,但说不定你两年都做不出来,当遇到这种困难,你会怎么办?"这些年来,他听到的回答都是差不多的:"我会克服困难,往前上!"最后他发现,这种提问其实是失效的,因为他内心也只有这一个答案。

而做研究除了需要坚持、毅力,还需要面对更复杂的处境。马丁在北大的小团队近年来做出了许多令人瞩目的研究成果,其中,关于甲醇-水重整制氢,在科学上、效率上已经做到了世界第一,但到目前为止,还未有一个项目能真正地被大规模应用——这些科学之外的事情,他只能选择等待。

但出生于四川的马丁,身上有一股川渝人的松弛与自洽——"我们也希望改变世界,但是做任何事情,一开始都没有那么远大的理想。在这个过程中,你努力了,就行了"。

伴随着"碳中和"成为这些年的流行语,马丁的工作走入了大众的视野,虽然马丁所做的关于减少二氧化碳排放、关于未来能源结构变化的努力,普通人在日常生活里几乎很难察觉到,它与远方冰川的变化、气候的变化、自然灾害的发生有关,但这是一份与未来有关的职业,是一个能改变社会、"造福子孙后代"的事业。

氢能的流通

马丁打交道的氢能,有一个特别的称号,叫作"能源货币"。

和传统能源汽油比起来,氢能是极有优势的:燃烧同等质量的氢产生的热量,可以达到汽油的 3 倍;如果拿它做燃料电池,为汽车甚至基站提供能源,它转化为电能的效率也更高。我们也知道,汽油燃烧后会产生大量的二氧化碳,这种温室气体会吸收红外线,如同棉被一样将地球包裹起来,但氢燃烧后不会带来这些后果,它是世界上最清洁的能源,燃烧的产物是水。

氢的高能量带来了高效率,但同时也带来了安全隐患。作为地球上最丰富的元素,氢气是自然界中最轻的气体。它性质活泼，密度小，体积大，在运输的过程中，易燃易爆炸，因此无法使用管道直接运输。

而主流的、常规的运输方式，是用高压液态运输，这需要先将氢气压缩并冷却到零下 200 多摄氏度，但在把氢气变成液氢的过程中，它蕴含的近 1/3 的能量就损失掉了。

如今，氢气的生产有了相对成熟的技术支持，但输运这一处，还有痛点没有解决。"氢气的高效制备以及安全存储和运输，是目前阻碍氢能源大规模应用的瓶颈。"马丁说。

实现碳中和的重要路径之一，就是从利用汽油这样的化石能源过渡到使用清洁可再生能源，所以近五年里，在国家层面上，氢能也经历了一个飞升的过程。而一旦氢气的制备、输运问题能够解决，这也将对"碳中和"起到重要的作用。

但直到闯进化学世界 20 年后，也就是 2012 年，马丁的团队才开始关注氢气输运的研究。那是一个非常偶然的过程，看起来，是命运推着他往前走。从四川大学化学系本科毕业后，他被分配到中国环流器一号，要到四川的一个山沟里做粒子碰撞，但是同时他也考上了中国科学院大连化学物理研究所的研究生，两相权衡，他还是选择回到老本行，继续做化学反应。

化石能源类的天然资源，有煤炭、石油和天然气。在中国，化石能源结构以煤为主，石油和天然气不能完全自给，相当程度上依赖进口。在大连，马丁跟着老师包信和研究员，研究如何把天然气转化成有用的物质，比如苯和氢气。氢，在那时已经出现，而这样略为枯燥的基础研究，他做了 10 年，这为后来的发现打下了扎实的基础。

华为和 5G 的故事给了他许多启发。最早研究 5G 的，是乌克兰一位并不知名的科学家,当时也不被看好,但到了现在,5G成了"兵家必争之地"。"一个应用的产生,源头的创新非常重要。"马丁说。

他常常鼓励学生做源头的创新,"就像吃鱼一样,我们要吃鱼头,不吃鱼身。鱼头就是,这个研究是你发现的或者是你是最早一批开始的,你把它做起来,别人跟着你来做"。

2009年,马丁到北京大学任职,他想做的也是源头的创新,于是他将目光更多地转移到了氢上——被称为"能源货币"的氢能,到底如何才能流通起来呢?

在马丁的研究之前,美国的科学家已经关注到氢,他们使用了甲醇来作为氢气输运的液态载体。甲醇稳定,不像液态氢,需要专门的、昂贵的低温容器来运输。等到了目的地,再利用甲醇和水的蒸汽重整反应,来释放出氢气,这样也方便。

但传统蒸汽重整反应的条件是:甲醇得在相对较高的温度(200℃~350℃)下释放氢气,维持高温条件需要消耗较多能量——这意味着代价高昂。而且如果想实现低温反应,因为缺乏合适的催化剂,产氢的效率还是不高,进展不大。

马丁关注到这个领域时,催化剂碳化钼和铂,进入了他和团队的视野。碳化钼其实是科学家们此前已经发现的一种催化剂,它被认为具有类似于贵金属的电子结构而有可能取代贵金属催化剂,同时碳化钼有可能实现水的活化。而铂也是催化剂的一种,它可以作用于甲醇,让甲醇释放出氢气。

马丁和他的团队开始大胆设想,如果把可能活化水的催化剂碳化钼和高效活化甲醇的催化剂铂结合起来,用到甲醇和水的液相反应里,会发生什么?能不能更高效地释放氢气?

设想很棒，但现实中，如何让碳化钼和铂结合，也是一个问题。

碳化钼有不同的晶体结构，科学家们将它们命名为α相、β相等。马丁团队最初使用的是碳化钼中的β相来制备催化剂进行产氢反应，准备尽量让β相变得纯净，不掺杂其他杂相。β相稳定，使用它是为了在反应中尽量多地得到氢气，并保持催化剂的稳定性。但反应过程中，β相总会不可避免地掺杂一些α相，他们也因此有了一个意外收获：β相中掺杂的α相越多时，催化反应反而越剧烈。

马丁和博士生林丽利抓住了α相。他们再次大胆假设，如果使用碳化钼中纯净的α相，那是不是产氢的活性更高？

但如何得到纯净的α相？又如何让它不被后来加入的铂包裹住，继续在界面上反应？这是马丁团队要面对的新考验。

无用研究的必要

考验一个接着一个。林丽利回忆那段日子，每周工作6天，从早上9:00到晚上9:00，每天工作12个小时。别的实验看似3个月就能搞定的数据量，到了这里，往往需要耗费一两年，甚至更长时间。马丁也认同，但他觉得，"经历失败，才能够成长"。

马丁是一个极为放松的人。如果努力了，触碰到绕不过去的部分，那他会先暂时搁置，去做别的实验和研究。他将这种举动形容为"鸵鸟政策"。暂时回避不意味着放弃，一段时间之后，他又会卷土重来，投入其中。

时间来到 2016 年，马丁团队惊奇地发现，具有大比表面积的 α 相碳化钼，甚至可以在接近室温的超低温度实现水的活化，并产生氢气。将它与铂组成的 Pt/α-MoC 催化剂，即铂-碳化钼的负载型催化剂，被证明是一种甲醇-水重整产氢的高效催化剂。当它作用于甲醇和水的产氢反应时，水的活化在碳化钼中心完成，而甲醇的活化在铂中心完成，而中间产物的进一步重整反应可以在铂-碳化钼的界面发生，使得不间断地释放出氢气成为可能。这样，即使在低温下（150℃~190℃），也能获得极高的产氢效率。

林丽利对此有一个形象的比喻——隧道。他们制造出这样一条隧道后，能够降低反应过程中的能垒，使反应尽快到达目的地——高效释放氢气。

在科学家的设想里，内蒙古等地的丰富的太阳能、风电资源可以被用来产氢，氢气和二氧化碳反应后生成甲醇，然后通过火车、汽车运输，到达目的地之后，再利用 Pt/α-MoC 催化剂，让甲醇和水在温和条件下反应，更快速地生成二氧化碳和氢，把氢气释放出来。"变过去又变回来"，这就是"金蝉脱壳"的魔术过程。

2017 年 4 月 6 日，国际顶级科学期刊《自然》发表了马丁团队"用 Pt/α-MoC 催化水和甲醇低温制氢"的研究成果，这一项研究也被列入"2017 年度中国科学十大进展"。

让马丁印象深刻的一个评价，来自英国皇家化学会的《化学世界》（*Chemistry World*）杂志，这是一个行业内的专业媒体。该杂志以《新型催化剂点亮氢能汽车未来》为题，采访了德国莱布尼茨催化所所长、德国科学院院士马蒂亚斯·贝勒（Matthias

Beller）教授，他评价马丁的这项研究成果："随着此高活性催化体系的成功，把氢气存储于甲醇并在需要时重整释放的概念可能得到实际应用，这是氢能储存和输运体系的一个重大突破。"

从2012年到2017年，5年的时间，马丁的课题组才完成了这一个重大突破。只是，又一个5年过去了，到目前为止，氢能还没有真正大规模地应用起来。

这还需要很多科学之外的解决方案。首先要克服的，是人们对氢能的恐慌。人们对于油气资源的使用，有一个认知过程——不再惧怕加油站、充电桩；但是一个大型高压氢气站带来的恐惧，还无法消除，人们一时还很难接受它成为家庭或者车辆的能量供给站。

但是站在科学的角度，"没有大规模应用的，就不研究它吗？我觉得也不是。"马丁自问自答。

将近50岁的马丁，声音仍然非常清澈。作为一个基础研究者，他喜欢举的另一个例子是，天文学里，研究太阳系的人可以拿到更多经费，因为人类要登月、上火星，它们都在太阳系里，但研究更广大宇宙的这些人，拿到的经费比研究太阳系的就少得多。

"氢，没有像 universe（宇宙）一样离我们那么远，也不会像储能电池那样离我们非常之近，但我觉得我们还是需要研究它。"

这就是被马丁形容为"吃鱼头"的研究，是关乎源头的创新。多相催化走向工业化的前提就是一个个已经被发现的化学反应，"我们很多时候太急，总想着马上就要做到工业化，其实也需要这些看似做无用功的研究"。

"解放"了甲醇中的氢气，马丁如今又将目光投向甲烷中的氢。在基础研究方面,探究如何利用甲烷分子制备氢气,是马丁团队未来的研究计划。

自得其乐

中国科学院院士谢在库曾表示,中国石化能源结构要向更可持续的方向调整,技术攻关有三点须突破:现有炼油、化工过程如何降低碳排放?如何提高消耗的能源中可再生能源的占比?如何产生绿氢,将二氧化碳通过加氢变成生产原料?这三个问题,本质上都涉及了催化技术。

2019年,马丁和团队开始做废塑料的转化,在碳中和规划被提出之前,这已是他们确定的选题,"那时候我们就觉得这很重要"。他们希望对废碳资源进行利用,使之变成一些人类需要的化学品。

如果我们将目光大胆地投向未来,即使未来的人类社会摆脱了化石资源,太阳能产的氢和电成为人类的能源系统,化学资源也依然有存在的必要。人类无法离开碳,碳构成了我们物质世界的许多物品,我们穿的衣服的材料是碳,喝水的瓶子是碳,每一个人的家里都有无数的由碳组成的高分子化合物。

那化石资源之外,要怎么样找到碳资源?一个办法是利用循环经济,而废塑料可能就是一个很大的碳资源储备。

废塑料有很多种,比如聚烯烃、聚酯、聚氯乙烯。常见的像超市里的塑料袋,是聚乙烯制成的,这也是一种废塑料,不容易降解,会在自然界中存在至少30年,而且它燃烧之后会排放大量的二氧化碳，如果燃烧不完全，还会产生一氧化碳以及其他污染气体。中国物资再生协会再生塑料分会的统计显示，我国2019年产生的废塑料就有6300万吨。

如何让这些废塑料被循环利用起来？需要依靠的，也是催化剂。

马丁和团队的设想是，将聚烯烃废塑料破碎之后放在溶剂里，用催化剂处理，使之变成有用的物质。这个工作从2019年开始，马丁的团队，包括两名老师、三个博士后，再加上三个博士生，一共8个人，两年了，"我们想了很多办法，几乎都失败了"。

面对失败，马丁采取的依然是"鸵鸟政策"——你不去想它就行了，去做别的东西。只要在大方向上可以不断前进，没有什么问题可以难一辈子。"失败是肯定会有的，但你只要调整心态，去做别的东西，有了更多的理解，回过头来再做这个事情，也许就能做成。"

偶尔实施着"鸵鸟政策"、在北京生活的马丁，发现北京的超市里已经开始推广聚乳酸制成的塑料袋，这样的塑料袋，缺点是容易破，装一盒牛奶，都可能被戳破。但好处是，聚乳酸堆肥之后会直接分解而不会污染土壤环境。尽管不会产生塑料本身的污染，但聚乳酸的分解产物仍然会产生造成温室效应的二氧化碳。不过，在聚乙烯上碰到难题的马丁，在聚乳酸上取得了一些进展——将聚乳酸和氨水放在一起，加上催化剂，在一定的温度下它们就可以变成氨基酸（如丙氨酸），而丙氨酸是一种大有用处的、可以用来作为猪饲料添加剂的物质。

在催化的历史上，有一个著名的案例。采访中，马丁也在不断重复讲述着这个变魔术一般的故事,这对他来说,是一个远大的梦想,一种科学的意义感的体现——一百多年前,一个叫哈伯的德国人发现,氮气和氢气可以合成氨。从前,氮肥的获得靠打雷,雷电将氮气和氢气电离了,最后生成一些氨随着雨下来,或者是靠豆科植物固氮。哈伯发现的催化反应让整个社会为之一变。现在世界上有70亿人,大概有90%的人是被施以靠这个反应产生的氮肥的农作物养活的。没有合成氨就没有足够多的粮食,没有足够多的粮食就没有牲口,没有牲口就没有肉——这些都是多相催化为这个世界做出的贡献。

马丁的梦想,就是追逐无中生有的反应,去发现新的魔术。而很多新反应的发生,最后都改变了整个世界。但他依然是一个务实的行动派,他把目光更多地放在该做的事上,一个接一个的课题做下去,每一个课题都可能成为下一个研究的基础。

出生于20世纪70年代的马丁,还记得小时候总能听到的那句话:科学技术是第一生产力。长久以来,许多人对这句话习以为常,但在他心里,这句话是实实在在奏效的。他的成长、求学和工作,伴随着一个国家的科学进程,他所认定的也在实践的理念是:科技发展,才能真正改变中国。

20多年前,他是个年轻人,最终选择到中国科学院继续学习化学是想着进入研究院工作,工资能高一些。但现在,他培养学生,以及从事的催化事业,逐渐能给他带来真正的成就感。"改变不了社会,但是至少能做出让我也自得其乐的研究,我觉得也是很有意思的。"这样的快乐被他形容为像不停地品尝美食,吃完这顿好的,争取再吃下一顿好的,"蛮有乐趣"。

对话马丁——我长久的梦想，是能做出一个改变社会的研究

杨国安：你的研究一直是和催化打交道，您怎么理解催化？

马　丁：我的研究领域叫多相催化，通过催化作用于化学反应，改变化学键断裂和新化学键生成的方向和速度。具体来说，比如煤要变成油，可以变，但要经过亿万年才能变过来，用催化的方法，它能很快地就变过来。如果给一个比喻，就是一个反应本来很难进行，类似于要爬很高的山，有了催化剂，它就能在很温和的条件下进行。催化过程可以改变物质和能源的转化方式，我们做的就是这个事情；寻找这些过程中的优秀的新催化剂，更重要的是设计并实现新的催化反应过程。

杨国安：最初你是如何接触到多相催化的？

马　丁：我在四川大学读的本科，毕业的时候，还是半分配工作的机制。我被分配到拥有中国环流器一号的核工业西南物理研究院，原本是要去一个山沟里做粒子碰撞的，后来我考上中国科学院大连化学物理研究所的研究生了，就没去做粒子碰撞，而是去了大连读书。在大连，导师给我的研究课题是做天然气转化，就是要把甲烷（一个碳四个氢），转化成六个碳的不饱和烃类，这需要催化剂。六个碳的不饱和烃就是苯，可以经过进一步催化反应制备像尼龙66这种材料，这种材料可以用于户外服装上。而苯，以前都是从石油炼制过程中制得的，但在我们国家，75%的石油靠进口，我们有天然气和煤，它们能不能变成同样的化合物？我跟着老师做这个事，做了接近10年。

杨国安： 为什么会想到把催化运用到氢气的运输上？

马　丁： 后来我去了北京大学，有了自己的实验室，准备做和自己的博士导师不一样的研究课题。我们了解到，内蒙古、新疆这些地方有大量便宜的电，这是风能、太阳能提供的。电解水可以产氢，可当地的氢要运到北京来就麻烦了。有几个办法，一个就是把它变成液态，这需要近零下250℃的条件，但冻起来这一刻，氢气里蕴含的近1/3的能量就被损失掉了。

另外一个办法是通过管道运输。新疆本身的很多天然气，还有我们从哈萨克斯坦买的天然气，都能通过新疆的霍尔果斯口岸附近的管道，直通上海和北京。但是氢气容易爆炸，用管道有很多限制，也不太安全。

杨国安： 所以你和团队在氢气运输上的催化创新是什么？

马　丁： 我们利用甲醇来运输氢气。通过催化反应，把气态的氢气和二氧化碳合成甲醇，也就是把它变成了液态来运输，这就方便多了。氢气的密度很低，如果不用液态来运，用高压气态的话，3吨多的卡车，只能运300公斤氢气，太不划算了。

而用氢气和二氧化碳合成甲醇后，通过火车、汽车都可以运输。运到北京以后，我们再给它加催化剂，把甲醇变回二氧化碳和氢气，这样氢气就被释放出来。相当于变过去又变回来，这是一个运输氢气的办法，我觉得还蛮有希望的，而且国内也在重点发展这个。

杨国安： 那这个反应中的催化剂是如何被发现的呢？

马　丁： 其实我们不是第一个提出用甲醇运输氢气的，美国的科学家比我们更早，但他们的进展不是很大，因为制氢效率不高。而我们恰好发现一种α相碳化钼催化剂，对水的活化非常强，甚至可以在室温活化水，所以我们在想，是不是可以把α相碳化钼和我们现在做甲醇活化的铂结合起来，组成一个界面来实现催化循环，铂来活化甲醇，碳化钼来活化水，在原子级的界面来实现高效产氢，果然，效率就变高了。

杨国安： 你关于催化的另一个应用，是在二氧化碳的转化上？

马　丁： 我们的物质世界就是由碳元素构成的，比如说穿的化纤裤子，家里用的塑料袋，各种PVC（聚氯乙烯）管道，等等。那是不是可以利用工业和人类生活排放出的二氧化碳气体作为碳资源，来制作这些材料？不同碳数的碳氢或者碳氢氧化合物有不同的用处，一般来说碳数越多，碳链越长，熔点、沸点就越高，比如碳5到碳8的烯烃可以做成醇，碳8的醇可以用在高级的润滑油里，而碳15以上的醇，就是化妆品的高级用料。将二氧化碳转化，做成一些高附加值的化学品，这中间需要催化剂。二氧化碳还可以用来和其他碳资源一起转化，二氧化碳含氧，可以和其他碳资源如天然气或者废塑料来共同转化制备含氧的高值化合物，如果这些反应过程能被构建并实现，意义也很重大。

杨国安： 二氧化碳的转化，实现的前提是什么？

马　丁： 得氢气非常便宜。比如说二氧化碳转化成甲醇或者烯烃，要把里面的一个氧甚至两个氧都拿掉，这个要靠氢。因为二氧化碳非常不活泼，我们要去转化不活泼的二氧化碳，得付出代价。一个是氢气自身有成本，第二个是催化过程中，你要给二氧化碳能量，能量也有成本。

现在1千瓦时工业用电大概是5毛钱，用5千瓦时电来电解水，能产生1立方的氢气，55千瓦时电可以产生1公斤氢气。

但如果可再生能源大规模发展，电价变得更便宜，比如降低到 2 毛钱 1 千瓦时，或者 1 毛钱 1 千瓦时的时候，那 1 公斤氢气就是 5.5 元，在这个氢气价格下，二氧化碳的转化成本就会大大降低。

杨国安： 催化如果运用到实际中，对我们的生活会有什么影响？

马　丁： 合成氨就是一个典型的改变人类社会发展轨迹的催化过程。可以说，没有合成氨的过程，就没有现代社会。类似的例子还有很多，比如烯烃聚合过程、尾气净化过程，等等，这些对我们生活非常重要的过程，都是催化过程。所以，发现或者构建新催化过程非常重要，这往小了说可以改变我们近期的生活，往大了说也有可能从此改变人类社会的发展轨迹，像合成氨一样。

杨国安： 你在催化研究这块儿，会有哪些寄望？

马　丁： 一是希望能改变能源和物质循环途径，让我们国家从原来依靠石油（美元），变成能更加独立地依靠氢－电－碳循环体系。二是希望让现在的世界变得更清洁、更循环。世界上的碳资源通过催化反应更多地循环起来以后，我们就会更少地依赖化石资源，从而可能使世界更持久地存在。

杨国安： 碳排放的降低，碳中和的实现，对于人类会有什么影响呢？

马　丁： 主要是对环境、气候的影响。但这是一个温水煮青蛙的过程，比如珠穆朗玛峰的雪线在退化，我们四川四姑娘山的冰川也在退化，其实这些都是我们凭眼睛看不到的。碳的排放对人类的影响也是一个长期的过程，不是说碳排放少了，一天我就能感受到，或者是一年我就能感受到，这样一个过程也许是以 10 年，或者是几十年来计的。希望我们的努力，能使得冰川退化的速度减慢，气候变化更加温和，而类似这两年出现的极端气候能减少。

杨国安：最近你在科研上比较开心的事情是什么？

马　丁：我们做的废塑料转化有了进展。因为我们一直希望把废塑料变成另外一种有用的东西，比如聚乳酸。之前我们发现，经过催化反应，废塑料可以转化为氨基酸，最近我们发现也可以通过催化反应的设计把它变成甲基丙烯酸甲酯，而甲基丙烯酸甲酯是有机玻璃或者涂料的重要原料。如果我们还能设计更多的废塑料转化新过程，我们就可以将这些废弃的碳资源变成需要的碳资源，也就是碳资源循环起来了。

这个过程逐渐有了一些进展，我觉得这是让人非常高兴的事情。到目前为止，我们的工作成果出来的很少，专利也比较少，经历了很多次失败，但是逐渐地有了进展。从做不出来，到慢慢能做出来，到最后还能进一步啃一些比较硬的骨头，这就让人高兴。如果一开始就做得很顺，可能反而感受不到这种开心。

杨国安：你自己对催化这块儿的科研愿景是什么样的？

马　丁：希望我们继续保持领先，但最重要的是，我自己觉得催化是一个面向实用的领域，希望我们的成果能真正用到工业实践上，而不是只停留在发表文章上。能够用上，才能证明我们的催化剂强。基础研究是一方面，能被工业采用是另外一个重要目标。对于今后，一方面，希望可以继续做更多的基础研究；另一方面，希望在这些基础研究中，能培育出一个被用于改变现有工业过程的新催化过程或者新催化剂。

杨国安：在你的研究生涯里，你最大的梦想是什么？

马　丁：梦想要分好多层次，不是说一个人只有一个梦想。我觉得我短期或者中期的梦想是科研成果和工业的结合，也就是最后能够真正变成生产力。比如目前和工业界合作的二氧化碳制备高碳醇能实现工业化，这是比较简单的梦想。

长久的梦想是，能做出一个完全是自己原创的研究，当然，它有可能影响、改变产业乃至社会，也有可能没有改变；但是对我来说都差不多，只要完全是自己原创的研究甚至是概念，就是可能会被人记住的东西。

杨国安： 未来的5~10年，你觉得所在领域最有可能的突破是什么？

马　丁： 我觉得可能还是在碳循环上，怎样用碳资源来制造新的材料，怎样把这些材料做成可以循环利用的东西，这也离不开氢，氢、碳不可分。面向资源利用的新催化过程设计，可能还是我们这个领域最重要的，也最有希望有突破性进展的东西。

杨国安： 如果让你去描绘你所在领域中国30年后的未来，你能想象到的是一个什么样的图景？

马　丁： 从我儿时到我读研究生，这个领域应该是欧美或者日本最强，比如说合成氨、太阳能产氢、电解水产氢、费托合成等，国外的科学家几十年前或者是100多年前就发现了这些东西，他们的科学启蒙和发展更早。到了20世纪90年代，中国的催化研究有了很大的积累，同时我老师那一辈的科学家逐渐从西方回来，带回了更先进的研究思想和手段并开始培养他们的第一批研究生（也就是我们），到现在，我自己觉得就多相催化这个领域来讲，我们已经和西方同年龄段的研究者水平差不多了。

30年以后，我希望中国会成为科技的领先者，当然，这需要有更多有远见的人的支持，才能有越来越多原创性的成果。

第八章
提升催化效率，让氢能成为像电能一样的基础能源载体

郭少军
实现氢能普及化的梦想

在新能源领域，氢燃料电池的高成本是制约氢能普及化的重要原因。氢燃料电池的运行，离不开作为催化剂的铂金属。铂金属的高昂价格，使得氢燃料电池造价不菲，从而使其目前难以进入人们的日常生活。北京大学材料科学与工程学院的郭少军教授，以提高铂催化效率、降低其使用成本为研究目标。通过调控铂催化剂的微观结构，郭少军教授和他的团队，希望能让一台家用氢能车的铂用量从现在国内技术水平的30~40克降低到5克以下。到那时，氢能将像目前赖以使用的电能一样，成为普通人在日常生活中用得起的基础能源载体。

关键问题

7年前,郭少军决定回国投身新能源领域研究,当时,他已经在美国洛斯阿拉莫斯国家实验室工作了近三年,从事光电材料与器件研究,并被评为奥本海默杰出学者。

郭少军回国后的科研方向选择,建立在他对新能源领域未来发展趋势的深刻认识基础之上。在美国布朗大学做博士后研究时,郭少军就接触到了氢燃料电池的相关研究,当时他发现美国早在克林顿时期就将氢能等新能源的发展视为国家的重要战略,以及一个国家可持续发展的关键。

能源如同血液,支撑着人类社会的运转。工业革命以来,化石能源被大量开采,人类利用煤炭、石油与天然气发展出了现代社会的高楼大厦与车水马龙,但化石能源的过度消耗和二氧化碳的大量排放也带来了资源枯竭、生态失衡、全球气候变化等一系列问题。

有资料显示,工业革命以来,全球地表平均温度已升高约 1.1℃。按此趋势,到21世纪中叶,该值将超过2℃。此外,全球大气污染正在严重威胁人类的基本生存条件。而且,由于化石能源不可再生,按照当前的消费水平预测,全世界的煤炭储备最多只能维持200年的供给,而天然气将在80年内枯竭。种种迹象表明,能源结构转型迫在眉睫。

站在能源危机的十字路口,世界各国纷纷制定能源转型战略,发展清洁、零(低)碳、可再生的绿色新能源。

新能源很快会成为国家大力发展的一个重要方向,这是刚回国时郭少军的思考和期望,而氢能和氢燃料电池是他认定的突破点之一。

在新能源领域，氢燃料电池被众多业界人士看好，认为它是"能源危机的终极解决方案"。作为一种清洁能源，氢能具有可高比例压缩、可大规模储存、能量无衰减等特性。氢燃烧的产物是水，不仅没有二氧化碳的排放，还可以通过太阳能、风能等可再生能源绿色制取，是真正的"零碳排"能源。

氢燃料电池车是现阶段氢能的主要应用场景之一。一辆氢燃料电池物流车运行100公里，碳排放量为0，而同类型8吨重的货车，百公里柴油油耗15~18升。也就是说，用一辆氢燃料电池物流车来取代传统物流车，每百公里就将减少约39.5千克的二氧化碳排放。

相比于目前电动汽车的主流电源锂离子电池，氢燃料电池能量密度远超锂离子电池，可以实现千公里的续航。此外，同样支撑续航500公里，即使采用快充技术，普通锂电池也需要2小时来进行充电，而氢燃料电池只需3~5分钟即可加满氢气。郭少军说，当加氢站像如今的加油站一样普及时，人们驾驶氢燃料电池车从北京到上海将不会遇到里程焦虑，就像驾驶如今的燃油车一样便利。

2022年北京冬奥会，约820辆氢燃料电池客车成为运输主力，承担接送运动员往返的重任。在北京冬奥会上，零排放的氢燃料电池客车连同广受赞誉的世界首套高压储氢火炬，一起掀开了未来能源世界图景的一角。

这项未来能源技术被寄予厚望，在普及发展过程中，其使用成本的降低成了突破的关键。

燃料电池本身是一个小的发电装置。其工作原理是，在催化剂的作用下，将氢气（供给阳极）和氧气（从空气中获得，供给阴极）的化学能直接转换成电能。在反应过程中，阴极的氧化还原反应缓慢，需要依赖大量的铂（即白金）催化剂来降低反应能垒。因白金稀有，氢燃料电池的成本居高不下。氢燃料电池车的市场发展也因此受到阻碍。

从某种意义上讲，能否进一步提高铂的催化性能，使其发挥出最大潜能，并通过减少其使用量来降低燃料电池成本，决定着氢燃料电池市场化应用的未来。

郭少军要做的，就是向这一关键性的难题发起挑战。他给自己设立的目标是，让一台家用氢能车的铂用量从现在国内技术水平的30~40克，降低到5克。

回国后，他进入北京大学工学院，随后因学科调整进入材料科学与工程学院，已经在燃料电池和氢能催化新材料探索、催化性能调控和膜电极高性能化领域取得一些进展。郭少军2014—2022年连续九年入选"全球高被引科学家"榜单，曾作为科学家代表参加习近平总书记主持召开的科学家座谈会，荣获首届"科学探索奖"、教育部自然科学一等奖、中国青年科技奖、国家杰出青年科学基金、茅以升北京青年科技奖和中国化学会–英国皇家化学会青年化学奖等诸多奖励与荣誉，并作为首席科学家主持国家重点研发计划燃料电池重大项目。

原子足球队

膜电极是燃料电池的心脏，而催化剂则是决定膜电极性能优劣的关键。寻找催化剂问题的答案，要到肉眼不可见的微观世界去探寻，处于溶液中的铂原子，正在等待着从散乱到有序，在一个最适合它们的微观结构中释放潜力。

穿着白色的实验服，戴着护目镜和防护手套，郭少军在全副武装下走进了实验室。

郭少军觉得，自己的工作，就像是一个足球教练员排兵布阵、调兵遣将，而铂就是队伍里的明星球员。

在他看来，铂本身是一种"天生丽质"的催化剂材料。目前的氢燃料电池在酸性条件下，铂催化剂的表现最好。除了铂以外，钯也以较为优异的性能进入研究者的视野，尤其在碱性环境中的表现较为突出，它的活性较好，但是稳定性稍差。如果未来碱性燃料电池可以量产，钯可以成为铂催化剂的替代材料。

郭少军希望自己的研究"既有当前又有未来，我们要寻找一些替代的可能"。

具体到实验上，郭少军及其团队的任务，是既要尽可能提高催化效率，又要兼顾持久性和稳定性。就像一支足球队，既要最大限度地激发明星球员的能力，又能让其跟周围的队友配合，保持稳定的输出。

郭少军说，他们使用的实验方法就像"种原子"：运用胶体化学的原理，在溶液中制造出一个由表面活性剂构成的"软模板"，通过控制一些外在条件如温度、浓度等，使铂原子在模板上一个一个有序地"生长"出来。

"就像搭积木一样，按照一定的维度或一种可控的方式，加工成我们所想要的一个结构"，也像球队的阵容，形成有序的、战略性的排布。

方法是新的，理想的结构形态也全靠自己摸索。原子活性与稳定性仿佛处在天平的两端，太活跃的状态下性能衰减会很快，太稳定的形态又不能将效率尽数发挥出来。郭少军的团队必须不断摸索，"在实验的过程中，我们不一定要达到极限，其实要做一个平衡，达到更加实用的催化效果"。

为找到平衡点，郭少军及其团队在两个维度上进行了探索。

一个维度是"很小，很薄"，"薄到极致就是一个原子层厚度，那每个原子（的活性）都能运用起来"。另一个维度则是"很大"，"一个很大的片或（很长的）线，可提升稳定性"。

回国后，郭少军带领团队创制了铂基合金（亚）纳米线和纳米片催化剂，为实现这种平衡提供了一个可行方案。

要赢得比赛，除了球队自身能力强、战略战术得当，还时常需要天时地利的加持。做实验也是一样，在日复一日的反复尝试中，"偶然"导向成功的惊喜时刻也常不期而至。

双金属钯钼亚纳米片材料的诞生就是其中一个例子。实验伊始，郭少军团队尝试做单一的钯材料，探索它在极薄形态下的性能。为了在制备过程中引入有还原能力的一氧化碳，郭少军团队使用了羰基钼在反应过程中来原位生成一氧化碳。没想到无心插柳，钼被引入后，起到了很强的电子调控作用。由于钯钼亚纳米片的配体效应、量子效应和本征拉应变效应，其氧还原质量活性远超目前商用钯/碳催化剂，"相当于钯原本是一个省队水平的运动员，现在钼加进来之后，这个运动员获得了世界冠军"。

实际上，日拱一卒般地不懈尝试，正是像郭少军这样的科研工作者身上最珍贵的品质。对于基础学科的前沿研究来说，理论知识是基础，未知问题的答案往往不会在课本上出现。

在铂催化性能方面的极致追求，以及对替代品钯催化剂的创造性探索，使得郭少军和他的团队显著提升了燃料电池的能量密度、功率密度和使用寿命，使其在所属领域走在了世界前沿。

郭少军说："青年科学家的重要工作，就是要敢于面向国家的重大需求，探索能解决瓶颈问题的新核心技术。"

最好的时机

虽然已初步取得一定的成绩，但郭少军内心十分清楚，目前我国在氢燃料电池的发展中，依然有很多核心技术没有攻破。"虽然我们的组装、集成技术已有较好积累，但跟国际先进水平相比依然有差距。如果能把技术分解到源头，把核心的催化剂、气体扩散电极这些问题厘清，最终整合到一起，我们有望实现国际高水平，甚至超越日本、美国。"

身处实验室的郭少军，从来没有减少过对技术应用的思考。他明白，氢能的发展离不开产业支持，前端的实验室技术需要突破，后端的量产工艺也必须优化。郭少军认为自己在近年做出的最大转变，就是将目光从实验室投向产业，思考研究方向如何与市场需求更好地对接。

在美国留学的经历给了他启发。在美国，许多企业拥有独立的研发团队，完全面向企业发展和市场需求进行研发工作。而在中国，高校搞研究、企业搞应用，两方供需不匹配的问题仍然存在。

郭少军团队正与氢能相关的知名企业合作，共同完成工艺优化过程，共同推动产业发展。

2020年，我国提出了"2030年前实现碳达峰、2060年前实现碳中和"的宏伟目标,将氢能发展的战略意义提升到前所未有的高度。

我国"双碳"战略的提出让郭少军感到,自己的研究遇到了最好的时机。如果未来氢能在制取、储存、运输、加注、能量转化和使用等五个链条全部打通,那么它就可以像电一样,成为基础能源载体,进入每个人的日常生活。

三间屋里的壮志雄心

未来的图景如星空璀璨,但脚下的道路依然漫长,需要一步一步地向前。郭少军始终认为,基础科研不存在捷径。

他要选择的课题,是那些难度高,但能给人类的能源未来带来真正改变的研究。

从初中接触化学开始,郭少军的化学成绩就一直"一枝独秀"。大学进入吉林大学化学学院后,郭少军就已决定将化学视为人生的事业。

真正激活郭少军身上科研热情的,是他在中国科学院长春应用化学研究所读博时的导师汪尔康院士。汪尔康院士与夫人董绍俊院士是我国著名的分析化学家。这对院士夫妻如今都已90岁高龄,依旧坚持每天到实验室工作。"他们对科研是真的热爱,觉得这就是他们一生最重要的事。"

有一次大年三十,所有的学生、工作人员都回家过年了,两位科学家还在实验室心无旁骛地工作到深夜,以至于离开时才发现被锁在实验楼中,出不了门。郭少军从那时就明白,科学研究不仅仅是实验与探索,更需要强大的精神动力。

近年来,郭少军带领团队在燃料电池和氢能关键材料与器件领域已取得一定进展,但郭少军很少感到满足,他的心中一直还有一个目标驱动着他一刻不停地继续前进。那就是"光解水",也就是在催化剂作用下,直接利用太阳能裂解水产生氢气。如果能提升其效率到商用水平,就能真正做到低成本、大规模、零排放制氢,实现氢能的绿色生产,为氢能从生产到利用的全链绿色化提供答案。

在北大校园的一栋二层小楼里,郭少军的三间实验室占据着一个角落。离心机、电炉和一些其他实验设备的电机,不断发出粗重的颤音,如同一个电池即将耗尽的录音机在播放磁带时的嗡鸣。空气中弥漫着高温烧结材料散发出的独属于实验室的气味。郭少军经常在这里一待就是十几个小时。

一个绿色的未来,就在这里静静地孕育。

对话郭少军

杨国安:你为什么选择基础科研,特别是新能源领域的基础性研究,作为自己的事业方向?

郭少军:大多数关键技术的突破,都离不开基础研究的创新,要实现技术变革,还是要追溯到源头。当前的高新技术和硬科技的突破都离不开基础研究。

在美国布朗大学,我主要做无机材料,也涉及一点氢燃料电池研究。早在克林顿时期,美国的国家能源战略之一就是氢能。受此启发,回国之后我经过细致的思考,结合世界能源发展趋势和我国目前的能源结构与国情，认为新能源这个方向值得深入研究。我们国家需要找到一个好的突破点，我觉得这个方向就是氢能燃料电池。

现在回头看还真的是找准时机了，我国的"双碳"战略推出之后，五大部门联合发文推动氢能发展，整个行业的发展格局发生了大的变化。现在新能源可能只占百分之十几，在未来不久，新能源将占到主导。

杨国安： 请你讲讲氢燃料电池的原理，它与传统能源和锂电池相比优势在哪里？

郭少军： 在氢燃料电池当中，其实氢气就相当于燃料，就像我们使用的汽油一样，但汽油能量转换效率受卡诺循环限制，一般不超过30%，而氢能的能量利用效率可达60%。新能源锂离子电池，因所采用的有机电解液在生产和回收过程中仍会造成污染，相当于只是一个准清洁能源。而氢能可以通过太阳能、风能等方式绿色制取，且最后使用时排放的只有水，不存在污染问题。因此，在环保方面，与传统能源石油和锂电池相比，氢燃料电池更具优势。在续航上，氢能汽车相比锂电池汽车也具有明显的优势。比如从北京开到济南，锂电池汽车充电通常需要五六个小时，即便在实现快充技术的条件下充电也需要2个小时，时间成本较大。而同样的路程，氢能汽车在加氢站加氢只需要两三分钟就可以做到。

杨国安： 那目前阻碍氢燃料电池车大规模商用的障碍还有哪些？你的研究的核心问题是什么？

郭少军： 现有技术做出氢燃料电池是没问题的，问题在于其成本高，特别是国内，因为目前膜电极所用铂催化剂用量大，铂是贵金属。按照一台家用车需要一百千瓦左右的电堆，理想情况下需要5

克的铂。现在国际最先进的技术能实现 20 克的铂用量，我们国内大概要用到 40 克。

因此，我现在的研究方向就是尽可能提高铂的催化效率，用尽量少的铂达到可观的功率/能量密度。虽然大家都是用铂，但这个铂原子的微观精准控制很关键，用什么微观结构把铂的作用发挥到极致，这是目前最亟须突破的核心技术。

单位质量的铂，它的表面积越大，利用率才会越高。除表面积之外，每个铂原子发挥催化作用的时候，每一个活性位点的本征催化能力也需大幅提升。

现在在源头创新的基础研究理念上，我们已经有了一些很好的思路，而后端真正应用的实现，需要在膜电极上表达出来它的性能，这方面我们还在做工艺的优化。

杨国安：你是清华—青腾未来科技学堂三期学员，新能源也是基础科技创新跟商业走得比较近的领域，你平时跟实体产业也有比较多的交流。现在市场上有人认为，发展氢能的经济成本过高，你怎么看氢能未来商用的经济价值？

郭少军：氢能从制氢到用氢，比如电解水产生氢气，然后氢气发电再生成水，其实能量是在损耗的。但是我们制氢的理念是用低成本的电，产生高值化的氢，尽量在比较接近理论分解电压 1.23 伏的情况下做到大电流。如果每一步的损耗都降到一个合理程度，整个经济价值就提高了。

并且，氢可以作为储能载体，比如西部一些地区，大量用不掉的电转换成氢存储起来，可以实现跨时间、跨地区的能量运输。

杨国安：在氢燃料电池领域，是否也存在"卡脖子"的问题？国内现在的发展水平与世界前沿还有哪些差距？

郭少军：国家正在力推氢能的发展，但我们的氢燃料电池性能跟国际相比还有差距。究其根本，是缺乏高水平燃料电池各大零部件的核心技术。如果能把源头的这些"卡脖子"问题解决掉，未来我们氢燃料电池水平有望达到国际先进水平，甚至超越日本、美国。

杨国安：**现在我们国家提出了"2030 年前实现碳达峰，2060 年前实现碳中和"的目标，这对你的研究有什么影响？**

郭少军：2020 年财政部、科技部等五部门联合发文，在京津冀、长三角和珠三角开展燃料电池示范。氢能迎来了一个非常好的发展时机。

因为我们在高校中做的研究，大部分并不能在短时间内转化成生产力，但现在国家有了需求，我们也需要去解决一些工艺优化的问题，朝着实际应用方向不断努力。

我也常常庆幸自己当时选对了方向、选对了课题，才能遇到这样的历史机遇。

杨国安：**最近你在科研上最开心的一件事情是什么？**

郭少军：最开心的可能是我自己思维的变化。基础研究非常重要，但同时不能只停留在发论文上。如果能发挥北大的基础理论研究的优势，以理促工，相关的卡脖子技术有望被攻破。

杨国安：**你最大的梦想是什么？**

郭少军：能源是一个永恒的主题，是社会可持续发展的基础，我的梦想是人类能发展出更清洁的能源技术，为我们的后代创造一个绿色的未来。

第九章
让温室气体"变废为宝"

巩金龙
二氧化碳的资源化利用

天津大学化工学院教授巩金龙,先后在天津大学、美国得克萨斯大学奥斯汀分校化学工程系获学士、硕士和博士学位,哈佛大学乔治·怀特塞兹(George Whitesides)实验室博士后。自2010年回国以来,巩金龙一直致力于包括二氧化碳资源化利用在内的面向碳中和的新能源化工研究。

通过多年实践,巩金龙团队成功将带来气候变化的温室气体二氧化碳作为一种能源利用起来,在降低温室效应的同时,减轻了现代社会对石油化工的依赖。期待未来,二氧化碳的循环与利用,可以成为人类工业生产中一种更绿色的碳循环路径。

变废为宝

在著名科幻电影《火星救援》中，有一个令人印象深刻的"种土豆"情节：马特·达蒙饰演的植物学家在执行太空任务时，因为一场意外的风暴被困在火星，在等待救援期间，他必须在资源贫瘠的火星环境中独自生活500天。通过不断努力，植物学家最终仅依靠太阳能和飞船内有限的资源，在火星上种出了土豆，获得了维持生命所需要的食物，并成功获救。

巩金龙常常在课堂上向学生讲起这个电影片段。在从事新能源领域研究的他看来，虽然这只是一部电影里的科学幻想，但它代表了人类对能源利用的一种终极理想。"种土豆"的过程，其实就是通过光合作用，将火星大气中的二氧化碳转化为碳氢氧化合物的过程。

利用包括太阳能在内的可再生能源，实现二氧化碳的有效循环，正是巩金龙多年来的研究目标。

提到能源问题，可能很多人最先想到的关键词就是"碳排放"。传统的石油、煤炭等化石能源燃烧后，会产生大量温室气体，其中最主要的就是二氧化碳。二氧化碳的大量排放会造成"温室效应"，带来"全球变暖"，并引发一系列气候变化。据统计，现在全球每年的温室气体排放量超过500亿吨二氧化碳当量，自19世纪工业革命以来，地球的温度已经升高了约1.1℃。摆脱对化石能源的依赖，减少碳排放，对人类社会来说已经刻不容缓。

但人类社会对化石能源（主要包括石油、煤炭、天然气）的依赖早已深入现代生活的方方面面。除了能量来源，这些资源还是我们化工产业离不开的生产原料。除了农业生产中的碳循环，我们日常所接触的工业产品，无论是化肥、沥青，还是衣物、药品，甚至一个小小的塑料袋，都离不开像甲醇、乙烯等这些以碳氢化合物为核心的基础化工原料。从某种程度来讲，整个人类活动包括生命都围绕着碳的循环来开展。

从全球范围来看，这些基础化工原料，目前的主要来源就是石油。经过上亿年的生物沉积的石油，含有丰富的碳氢化合物，也就是烃类资源。通过分类和提炼，我们利用石油中的烃制取了多种多样的基础化工原料。可以说，是这些对碳氢化合物的生产与利用支撑起了现代社会的工业基础。

但同时，石油的开采不可持续，其生产过程中严重的碳排放污染问题也必须加以解决。离开了重污染的化石原料，我们日常所需的碳资源还能从哪里来？巩金龙与他所带领的天津大学"新能源化工"团队，始终在努力解决这一问题。

2010年，30岁的巩金龙完成了在哈佛大学的博士后工作，选择回到自己本科阶段的母校天津大学任教。当时，新能源领域的研究还没有像如今一样成为一门"显学"，但巩金龙颇具前瞻性地瞄准了二氧化碳资源化利用的方向。如果能通过无污染的光电催化反应，以太阳能为能源，结合水为反应物，可以将原为排放物的二氧化碳作为资源来利用。这将是传统化工原料的一种理想的替代方案，可以说是"变废为宝"。

这听起来有些不可思议，在人们印象中，二氧化碳本身就是化石能源燃烧后产生的副产品，怎么可能反过来成为制取碳氢化合物的原料呢？巩金龙解释，事实上这样的反应在自然界中无处不在，我们最熟悉的"光合作用"，就是植物利用光能，把水、二氧化碳等无机物转变为可以储存化学能的有机物。

巩金龙把自己的研究形象地比喻为"人工树叶",就像植物吸收阳光与二氧化碳而生长出果实。平板状的光电极就像树叶,它们吸收太阳能,产生电子,同时二氧化碳和水通过一定的流道在电场作用下进行催化反应,就可以产生甲醇等可以作为工业原料的碳氢化合物。从某种程度上讲,二氧化碳的光电催化转化反应,就像人工实现了高效而可控的"光合作用"一样。

这个原理听起来简单,但人工树叶的概念自20世纪70年代被提出以来,至今没有达到工业化利用的水平。这与二氧化碳的特点直接相关。作为一种高度对称的直线型分子,二氧化碳在空气中可以稳定存在,需要注入很高的能量才能产生化学反应。

而且二氧化碳转化路径复杂,转化产物众多、纯度不佳,研究人员很难控制其只生产出自己想要的目标产物。假如一家工厂想要生产甲醇,结果却反应出了大量其他副产物,这在实际的生产中是无法产生经济效益的。目前,二氧化碳的有效转化效率还在1%以下,远未达到工业化生产的水平。如果不解决这些实际的问题,二氧化碳的资源化利用,只能是纸上谈兵。

"在这个崭新的领域,我们现在面临很多问题,既有TRL1-3的问题,也有TRL 4-7的问题。[①]所以我们要做的,是把它从原理变成现实,让它能成为有一定经济价值的量产产品。"巩金龙说。

---

① TRL即技术就绪度(成熟度),TRL1是理论级,TRL4为部件原理样机级,也就是实验室验证阶段。——编者注

不懈钻研＋人工智能

想要将"人工树叶"从理论变成现实，核心需要研发出适合对二氧化碳进行转化的催化剂。就好像光合作用离不开植物细胞中的酶的参与，合适的催化剂能够将二氧化碳的分子活化，让反应变得高效，同时还可以让目标产物变得可控。巩金龙和团队目前的研究重点，就在于建立新型二氧化碳转化催化剂和反应器。

由于目标产物不同、生成路径不同，巩金龙团队需要研究的催化材料也多种多样。铜是其中比较有代表性的一种，它被认为是目前唯一能将二氧化碳还原为多碳（C_{2+}）产品的金属催化剂材料。

尽管学界对铜基材料已经研究了几十年，但对铜基催化剂的活性点位尚不清楚。在微观层面，金属材料由晶粒组成，在晶粒的边缘与相邻晶粒间会形成晶界。简单来讲，铜的活性与其晶粒结构和晶界结构直接相关，所以铜催化剂的开发，核心就在于对其微观结构的设计。

到底如何构建合适的铜基材料结构，实现更高性能的催化转化，巩金龙和团队进行了数以万计的实验来寻找答案。在当时，二氧化碳的资源化利用在全球均属于非常前沿的研究方向，根本没有现成的商业化装置可以购买，实验设备全靠研究团队自己探索开发。从绘图设计，到材料、工具的选择，甚至最终动手安装都是科研人员自己完成。同时，微观结构的设计与最终催化活性之间的关系，可以说是失之毫厘，谬以千里。成百上千的可能性，全靠团队通过一遍遍的实验来摸索，面对失败几乎成了团队成员的家常便饭。

人工智能的发展在一定程度上破解了这种"大海捞针"式的探索局面。巩金龙的博士生张恭介绍，自 2017 年起，团队就引入了神经网络算法来进行高通量的量子化学计算。大数据筛选可以实现在数小时内，针对上百个甚至上千个结构，建立结构－性能对应关系，从而指导后续的催化材料合成方向。

张恭介绍："之前可能需要经过成月的实验才能得到一个结果，但是用我们现在的技术，只要将计算任务提交到服务器节点，然后，可能去喝杯茶这个性能预测结果就出来了。"

巩金龙和团队始终保持着对相关科研领域进展的广泛关注，凡是有可能为二氧化碳催化研究带来帮助的学界动态，都会引起他们的关注。来自半导体制备加工领域的气相沉积技术，就被巩金龙团队率先引入铜基催化剂的研究与合成，实现了对铜基催化剂微观结构更加精细化的调控。

通过这些努力，巩金龙团队研发了一种在铜催化剂上构建晶界和调控暴露晶面的新方法，催化效率明显优于以往的铜催化剂，并且明确了晶界和晶面在二氧化碳催化转化反应中的具体作用，给未来的研究带来了更坚实的理论依据。

铜催化剂的例子，只是巩金龙团队日常工作中的其中一个方向。根据不同的反应原理和目标产物，巩金龙团队在多种不同的材料研究当中均有突破。例如通过提出多元素协同，他们合成了钯－氧化铈催化剂，提高了二氧化碳活化效率；通过调节钯催化剂的形貌，他们极大提升了二氧化碳转化为重要工业原料合成气的选择性。

随着能源问题越来越受到重视，各国也都逐渐展开了对于二氧化碳资源化利用的研究，巩金龙当年对于研究方向的选择，也被证明极富前瞻性，并帮助中国抢占了新能源研究领域中的前沿位置。巩金龙团队的相关成果受到了各方的肯定，他也荣获了2019年国家自然科学二等奖、首届"科学探索奖"。他被美国化学会授予可持续化学和工程讲席奖（ACS Sustainable Chemistry & Engineering Lectureship Award）。此外《人民日报》《科技日报》《中国青年报》等媒体，还专题报道了该团队的二氧化碳转化的研究成果，认为其"打通了从二氧化碳到液体燃料和高附加值化学品的绿色转化通道"。

"落到大地上"

巩金龙在催化材料上已经获得了一定程度的突破，但他的目标并不止于此。他经常向团队强调："简简单单发篇论文不是目的，我们还是希望能够把它落在大地上，能够把它变成生产力，能够为'双碳'战略做出贡献。"

在实验室的环境下，少量的二氧化碳只要在温和而稳定的环境中完成了转化反应，成果就足以发表论文了。但真实的生产条件总是复杂而波动的，且工厂运转以年为单位，规模大、周期长，想要真正带来产业上的变革，反应的稳定性、可持续性就成为必须考虑的因素。巩金龙说："我们既需要科学层面上对于原理的认识，也需要工程层面的创新，让设想得以实现。"

让一个科学设想能真正落地，需要从多方面入手。一方面需要尽可能地延长材料寿命，让反应可以持续而稳定地发生。天津大学化工学院的教授张鹏从博士期间就跟随巩金龙进行相关的研究。

他向我们介绍了团队在提高硅基光电极寿命方面所做出的成果。

硅是一种重要的吸光基底，是一种光电转换效率高且成本低的电极材料，在光伏体系、半导体生产领域也被广泛使用。但在二氧化碳的光电催化转化中，硅电极却可能在电解液环境下迅速失活，导致其寿命缩短，不能支撑大规模、长时间的生产。

只能维持一小阵的反应，即使再成功，也无法满足真正的化工厂常年运转的生产需求。为了延长硅电极的使用寿命，巩金龙带领团队，开发了薄膜保护层并对保护层的化学组成进行了精密调控。他们自主开发了以氧化钛、氧化铝、氧化钽等为目标材料的原子层沉积设备，为硅电极包裹了一层厚度可调、晶型可控、组成可定制的"保护罩"，在消除了其原本的结构缺陷的同时，提升了光电极的吸光效率，促进了二氧化碳活化与转化反应的发生。值得一提的是，保护罩的厚度调控是在原子尺度下进行的，对精度的要求极高。

另一方面，巩金龙和团队也在反应器的设计上进行了创新。如果说催化剂像反应中的一个司机，控制着催化反应发展的方向，那么承载着反应过程的反应器就好像司机所开的那辆车。工欲善其事，必先利其器，一辆好车，能带领我们更快、更稳地到达目的地。

之前，国内外的研究者在相关研究中广泛使用 H 形反应器。器如其名，左、右两个空间分离的反应腔体被中间一个带有离子交换膜的通道连接，形如字母 H，二氧化碳会在电解液中溶解、扩散并最终参与反应。但由于二氧化碳是公认的溶解"困难户"，在常温常压下溶解度不高，且在液体中扩散又慢，这种反应器的实际应用受限。

2018 年，受燃料电池的结构启发，巩金龙和团队的成员，率先在二氧化碳的研究中引入了膜电极反应器（membrane electrode assembly reactor）。这种反应器包含一种具有强疏水性质且多孔的气体扩散电极，能允许二氧化碳以气体形式穿过其中的孔道，直接与催化剂接触，提高了二氧化碳的扩散效率。该结构实现了电极和离子交换膜的紧密接触，进一步降低了反应器内阻，提高了能量转化效率。这就像拥有了一辆耗油更低、性能更佳的汽车，与最初的 H 形反应器相比，现在的反应器的电流密度已经达到了原先的 100 倍，而能耗却降低到了之前的 1/10。

像这样对反应稳定性和实用性的改善，体现在巩金龙研究中的方方面面。目前，巩金龙和团队已经可以将反应器中的电极面积放大到 100 平方厘米以上，将反应时间延长到数百小时，其中乙烯的选择性也达到 50% 以上，也就是说在所有产物中，有一半以上是可控的目标产物。在世界范围内，这也是一个令人瞩目的成果，对于实现商业化应用前景，巩金龙团队已经迈出了重要的一步。

催化原理的深度 + 材料类型的广度 —使命感→ 科学的先锋原创性

巩金龙对于化工的热情，来自他的成长经历。他小时候就读于兰州石化的子弟学校，周围石油、化工、钢铁相关的大型国企环绕，耳濡目染下，他开始对化工充满兴趣。到了考大学的时候，巩金龙自然而然地报考了天津大学化学工程专业。

自天大毕业后，巩金龙前往美国得克萨斯大学读博深造，进行了四年催化方向的基础性研究，之后又前往哈佛大学从事博士后工作，接触到更多与化工相关的交叉领域。在这一过程中，他逐渐坚定了自己未来的发展方向，要从事科研，实现能源化工领域基础性研究的突破。

他在哈佛大学的导师，是美国科学院和工程院院士乔治·怀特塞兹教授。他曾对巩金龙说过这样一句话："科研选题要选别人没做过的、重要的事。"这句话带给巩金龙很深的影响。当他决定回国时，义无反顾地选择了新能源化工作为研究方向，即使这个方向在当时还不热门。巩金龙说："我要做的事，一定要是中国未来 10 年，甚至更长一段时间的科研主流；同时，必须是国家迫切需要的，一定会让未来发生改变的事情。"

新能源的研究任重道远，在新的技术能够大规模投入工业生产之前，巩金龙也没有忽视对国家传统化工技术和产业的进一步提升。丙烷脱氢制取丙烯，是石油化工生产中的重要技术，也是国际公认经济性最好、效率最高的烯烃制备技术。长期以来，由于国内缺乏相关的自主知识产权，丙烷脱氢的工艺、装置、催化材料等一直依赖进口，是我国能源生产中一直被"卡脖子"的问题。

面对这样的现状，巩金龙有一种使命感：关键的技术工艺，一定要掌握在国人自己手里。他和团队开展丙烷脱氢制丙烯的催化剂和生产工艺研发，提出了催化剂电子和几何性质调控的系统性策略，揭示了合金化效应和界面效应对丙烷脱氢反应性能的影响，构建出更高效、廉价的丙烷脱氢制丙烯催化体系。

这种使命感，同时也是对学科发展的前沿判断。在天津大学，巩金龙的同事和学生，对他在科研方向上的超前性眼光都有很深的印象。博士生孙国栋在 2015 年刚刚加入巩教授团队时，国际上对于化学链辅助的烷烃脱氢都还没有足够的重视，国际顶级学术期刊上也基本见不到相关的研究论文。但近几年，这一方向的发展越来越受到国际重视，在顶级期刊上也常常能看到相关的文章。可以说，巩金龙卓越的学术判断力，为团队在这一领域占到了先机。

这种"科学家的直觉"，在张鹏教授看来，更多的是源于巩金龙教授对于课题深入的理解和对其他交叉领域的融会贯通。"可能催化是我们的深度所在，材料的类型是我们的广度所在，只有在深度和广度都做得比较好之后，才有可能提出具有先锋性的原创思想。"

习近平总书记提出"双碳"战略以来，巩金龙教授明显感受到，企业与高校合作的需求越来越迫切，国内的化工产业对于低碳相关的技术的渴望也越来越强烈。中石油、中石化等企业，也在更加广泛地参与学界研究，积极主动地在相关的生产或实验装置上，对学界的成果进行测试。

这给他的研究带来更强的紧迫感，也让他对中国的能源未来，有了更加乐观的判断。巩金龙相信，可再生能源的占比将在未来的 30 年间获得巨大提升，整个社会的生产效率也会随之提高。面对这样的前景，巩金龙再次确认，自己所做的，确实是能改变未来的、重要的事。

对话巩金龙

杨国安：你是如何进入二氧化碳资源化利用这一研究领域的？

巩金龙：2010 年我回国，我们就展开了二氧化碳绿色资源化利用，把二氧化碳变为化学品。我们穿衣吃饭、交通运输，所有的东西都离不开化工生产，也离不开对能量的利用。当时我想，有没有可能通过太阳能，让二氧化碳和水发生反应生成甲醇等化合物，构建一个安全的二氧化碳能源体系。所以 2011 年以后，我们也是建立了自己的团队、课题组、实验室，不断地开发各种相关的反应器和电极材料，通过二氧化碳的光电反应得到相关的目标产物。这个过程可以说是很艰辛的，但是效率不断提升之后，也给我们带来很多的喜悦。

杨国安： 当时，在这一领域，国际上的研究水平是怎样的？

巩金龙： 这个创意最早于 1972 年在《自然》上发表，但因为我是化学工程专业出身，在纯理论研究之外，我更想做的是把它变成现实。我们现在很多卡脖子问题，其实并不是从 0 到 1 的问题，而是从 1 到 100，从 100 到 10000 的问题。要实现一定经济效应下的量产产品，更重要的是效率和成本的问题。

杨国安： 效率要达到商用的水平，我们都面临哪些技术上的困难？

巩金龙： 首先，早在 2000 年左右美国能源部就有预测，当太阳能到化学能的转化效率达到 10% 的时候，它就具备比较可观的商业化前景。在 2010 年左右的时候，全球最高的效率也只有 0.1%~0.2%，距离商用门槛还有很大距离。其次，用二氧化碳催化转化来制备甲醇的过程，体系非常复杂，需要光电场协同，我们对它的反应机理、反应过程都还不是十分清晰，对它激发和损耗机制的认知也有尚不明确的地方。这 10 年间，我们的发展很快。目前，在我们的实验当中，太阳能的转化效率已经达到了 6%。

杨国安： 在这个反应当中，我们对将太阳能作为一种清洁能源来利用比较熟悉，但对于将二氧化碳作为一种原料来利用还比较陌生。你能否介绍一下，二氧化碳作为一种原料，它的性质是什么样的？有哪些优势和难点？

巩金龙：如果对地球的生态有所了解，就会知道，其实整个地球就是几个基本元素的大循环体系，最主要的元素就是碳和氮。所有含碳分子的物质完全燃烧，都会变成二氧化碳，但理论上所有的化学反应都是可逆的，二氧化碳也可以反过来形成碳氢化合物，变成甲醇，甚至变成烯烃。它可以变成无数种产品，满足人们的各种物质生活需求，包括工业生产的需求。从这个角度讲，二氧化碳也是一种碳的资源，只不过我们需要解决一个问题：能不能高效利用循环所需要的能量，特别是来自可再生渠道的。二氧化碳是相对稳定的分子，活化能垒高、规模利用比较困难。假如说用火力发电来驱动，可能全生命周期会产生更多二氧化碳，从碳减排和成本上来说就不对了。所以我们要用可再生能源来驱动这个反应，譬如清洁的太阳能，再开发出各种有效的催化剂，把它的活性提高，让这个反应更高效。

杨国安：寻找和调控催化剂的过程中，你的团队是怎么做的？是否只能一点一点地试验？

巩金龙：七八年前的时候，计算机算力还很一般，那时候我们的算法都是单线进行，效率不高。但现在因为计算机算法更先进，算力更好了，我们课题组结合了现在的大数据和人工智能，可以几百个线程同时进行，看看有哪些线路是满足我们需要的。用这种方式对我们反应器、催化剂的设计进行指导，研究效率有了很大提升。

杨国安："人工树叶"这个名字蛮形象的，你能不能为我们讲一下人工树叶的概念？

巩金龙：这是一种广义的说法，便于我们科普，向大家介绍反应的原理。我们的反应系统，外表是树的样子，"树干"就是原料气体的通道，把二氧化碳和水导入；上面很多"树叶"，其实就是我们的光电极，它的基本原理是仿生，仿照植物的光合作用；二氧化碳经过这些电极，就像经过叶绿素和酶一样，最终生成的就是甲醇这类碳氢化合物。"树叶"只不过是它工业设计的外形。

杨国安：中国在这方面的研究，目前在国际上处在一个什么样的地位和水平？

巩金龙：现在美国、日本，以及欧洲，都有实验室在做。国内这方面的研究是很突出的，国家也在大力支持，整体应该是处于第一梯队的水平。

杨国安：你们的研究和产业的联系是什么样的？

巩金龙：以我个人的认识，现在中国经济结构要转型，实现高质量发展，就要有新的技术创新点，需要更多的创新型（而不是生产型为主导）企业的涌现。大学里的前沿研究，必须有一批能够真正实现产业化。传统的石油化工，因为本身利润非常丰厚，大家就不太考虑未来的能源是什么。国家"双碳"战略提出之后，像中石油、中石化这样的企业在寻找替代能源上也很有积极性。我们在与他们的合作中，也感受到他们期待参与我们的研究，积极主动地在相关生产或实验装置上进行测试。这对我们的研究也肯定有正向的促进作用。

杨国安：你对自己的研究似乎有一种使命感，特别是当初决定从哈佛大学回国，选择了二氧化碳资源化这个在当时还不太受到关注的方向。

巩金龙：是的。当时整个可再生清洁能源还没有现在这么火热，但我还是看得出来中国高质量研究的发展态势。当时我就觉得，要赶快回到中国来，国内的发展前景一定会更好，回国得到的认同感也更强。当时光伏体系已经发展得很好，我觉得自己还是要拓展别人没做过的重要的方向，就选择了二氧化碳这个领域，可能也是初生牛犊不怕虎。比起简单地发篇论文，我还是更希望能把研究成果落到大地上，把它变成生产力。

杨国安：最近一段时间，在科研上你最开心的一件事情是什么？

巩金龙：最近来说，应该是我们在烷烃脱氢里发现了碳氢键选择性活化的新机制，这可能会颠覆我们原本对于它机理的认知。这就是一种获得了新知的喜悦。

杨国安：你现阶段最重要的梦想是什么？

巩金龙：我还是想要培养更多具有家国情怀和深厚专业素养的学生，他们既要有毅力，也要有批判性思维和坚韧不拔的品格。我希望能有更多这样的学生奋斗在祖国的科研一线上。

杨国安：假如让你描绘你所在的领域中国30年后的未来，你想象到的是什么样的图景？

巩金龙：我觉得30年后的中国，可再生能源在总能源使用中的占比会非常高，风电、光电随处可见。能源会进入更智能化的开发和调控模式，资源利用率高的同时，整个社会的生产效率也会很高。到那个时候，环境也会很清洁，水、空气、大气，都会非常干净。彼时的中国，一定是生态宜居、世人向往的神州。

第十章
建立空气质量模型，
站在空气污染防治的前线

王书肖
"治疗"空气的人

在过去 20 年里，中国的空气质量，经历了漫长的改善之旅。清华大学环境学院教授王书肖，就是这个旅程的见证者和参与者。她建立了大气污染源的排放清单，找到了污染的源头，追踪它们的时空变化。但仅有观察是不够的，还要干预——她研发的区域空气质量调控技术平台，可以通过评估，提出更好的解决方案，为决策提供依据。如何立足现实，同时心怀"最伟大的科学山峰"，这是环境学家王书肖的故事。

王书肖今年 49 岁了，从 2003 年年底至今，她一直在清华大学环境学院任教。她是我国大气污染防治领域的专家，也是

2019年"科学探索奖"的获奖者。

过去的20年里,我们的空气质量经历了漫长的改善之旅。2019年,联合国环境署发布《北京二十年大气污染治理历程与展望》报告,写道:1998至2018年这20年间,北京的二氧化硫、氮氧化物、颗粒物和挥发性有机物的年排放量分别下降83%、43%、55%和42%。

作为发展中世界最大、增长最快的城市之一,北京市的成功经验,可供其他城市借鉴,"(北京)空气质量的改善,不是偶然发生的。这是巨大的时间投入、资源和政治意愿叠加在一起产生的结果"。

其中就有王书肖和她的同事们的工作。

为大气下"诊断书"

2020年初春的华北平原,和新冠肺炎疫情一起到来的,还有重污染天气。在北京,2000万人第一次体验了居家和隔离,也再一次经历了重污染天气。2020年2月,元宵节前后,北京空气中的细颗粒物浓度超过300微克每立方米。

几天后,清华大学的春季学期在线上开学了,在环境学院的"大气污染控制工程"课堂上,有同学抛出了一个问题:"我们都不出去活动了,空气质量不应该非常好吗,为什么还有重污染呢?"

授课教师王书肖解答了这个疑问:"大家居家了,交通减少了,餐馆的排放也减少了,但对应的,还有一些排放增加了——大家都居家,要保证供暖,排放略有增加;华北地区的工业生产也没停,比如石化和钢铁,排放量依然相当大;家里做饭多了,排放量也有所增加；还有很多人没想到的是，在北京周边地区，在外务工的人春节回了家，平时排放量不高的，现在也变多了。此外，对大气污染而言，内因是排放，外因是气象，短时重污染就是内、外因叠加的结果。"

观察空气与蓝天，是王书肖再熟悉不过的工作了。过去的许多年里，她每天早上起床第一件事，就是拉开窗帘，看看这一天北京的天气如何。空气污染严重的日子，她会接到各家媒体打来的电话，她会向他们解释这一次的污染从何而来，经历了什么过程，预计会在何时结束。

一个典型的案例发生在中国国际进口博览会期间。博览会于2020年11月5日在上海开幕，开幕前三天，王书肖接到了环保部门的电话：5号那天会有污染，我们应该怎么调控，采取什么措施？

王书肖告诉对方污染会从哪几个方向来，要盯哪几个地方，这些措施做了，空气质量就能改善。

能做到这一点，与王书肖过去20年的工作有关。她建立了大气污染源排放清单，同时完成了区域空气质量调控技术平台的研发。排放清单就相当于在广袤的中国大地上画出一张排放地图——哪里有污染源，污染源排放了什么、排了多少，时间空间怎么变化，这些在地图上都清晰可见。在此基础上，她研发的区域空气质量调控技术平台，相当于一个大气污染治理效果的沙盘推演预判技术平台，可以评估各种控制措施的空气质量改善效果，能否实现预设的空气质量改善目标，会带来怎样的健康和生态效益，以及哪些措施改善空气质量的成本更小。

源头

人的许多选择，或许都可以追溯到少年时代，那里是许多故事的源头。

20世纪70年代，王书肖出生在河北藁城[①]。14岁时，她来到河北辛集中学读高中，当时学校旁边就是一家化工企业，每天，大家都能看见河里流过五颜六色的废水。"废水颜色很鲜艳，你可以想象，那都有毒。"她的化学老师会跟学生们讲，"你看这些废水，没有经过任何处理就排到农田里，我们生活在这里的人，有可能会早死很多年，或是死于各种癌症。"

那时的王书肖，对"环保""环境"这种词，只有初步的体认，还很模糊。她感受更强烈的，是对化学这个学科的喜欢。几乎是刚开始学化学，她就被它吸引了，"特别奇妙"。物质之间会有各种反应，比如铁和硫酸铜反应，硫酸铜溶液本来是蓝色的，随着反应的进行，溶液由蓝色变成了绿色。

更有意思的是，化学是对猜想的验证。实验做完了，可能验证了猜想，也可能完全不一样，就像开盲盒，不可预测，给人惊喜。她是个喜欢变化的人，很自然地为这种体验着迷。

她加入了辛集中学的化学兴趣小组。考大学时，她报考了天津大学的化学工程系，它当时在全国排名第一。

20世纪90年代，是一个苏醒的、起飞的、靠燃烧来驱动的时代，一个重工业行业产值迅速增长的时期。那个年代的化工行业，中石化、中石油等企业有最好的行业前景。在本科时期，

[①] 今藁城区，隶属河北省石家庄市。——编者注

王书肖和她的同学都曾到化工企业去生产实习,而且去的都是当时的好企业。

1993年,在化肥厂实习的一个月,老师带着学生们把所有环节都走了一遍。大多数人关注的,是化学生产的过程,物质如何反应,如何结晶,如何干燥,但王书肖对烟囱排放的画面印象最深,还爬上了一根20米高的烟囱去看。

在工厂里,她开始有一些模糊的感觉——人在这里工作,闻的是臭味,置身糟糕的环境之中,呼吸系统明显感觉不舒服。这种不适也不局限于工厂内部,周边的环境和人同样受到影响。当时她就想:为什么化工企业一定要脏乱差,一定要给人这种印象呢?它也可以很干净,让人在其中很愉悦。

但当时这更像一种她本能的、个人化的、超前的反思。在大学课堂上,老师们专注的还是工艺、设备、技术。政策层面对环境保护的要求宽松,企业自然也没有什么污染治理的措施。

本科毕业,她继续读研,跟之前的感受有关,她选择了一位专注于污染治理技术的导师——她觉得这个工作会很有意义。在以发展生产为中心的时代,这是一个冷门的选择。

读研的两年多时间,她最重要的工作,是开发一套烟气脱硫除尘一体化技术。虽然当时烟气脱硫除尘在国外已经是成熟的技术,但引进的费用高。最好的解决方法就是做自主研发的国产化设备,把价格降下来。她花了两年时间,做了大量实验,完成了技术研发。

但比起技术的研发,难的还在后面——技术有了,设备做出来了,要找企业做示范。要说服企业,太难了,"既然什么都不做就能达标,那我为什么要花钱?"她的导师带着她的两位师弟,找了好多企业，到最后好不容易建成示范设备的时候，王书肖已经硕士毕业了。

那两年间，她从化学进了环保的门，辛苦做出了技术，又被现实泼了冷水，受了打击，心中有苦闷——大家都说，无利不起早，而环保不赚钱，甚至是个花钱的行业，技术白白开发出来，躺在那里睡大觉，有什么用呢！

怎么才能让大家意识到环保的必要性？她没想明白。但很快，她偶然间在图书馆读到了清华大学郝吉明老师的一篇文章，他在文章里讲中国应该用什么对策去控制酸雨和二氧化硫污染。

这篇文章就像一点火光，给朦胧中的她一些指引，她意识到自己想做的就是这方面的研究，于是给郝吉明写信，说想跟着他读博士，郝吉明热情地给她回信。就这样，她备考，1998年3月进入清华，入了环境领域的门。

扎进去

1998年，王书肖进入清华读博，开始了在北京的生活。这一年，北京消耗了2800万吨的煤。这个数字也意味着，它当时是世界上煤炭使用量最大的首都。当时北京二氧化硫的浓度是年均126微克每立方米，今天的数据是3微克每立方米——足足40倍的差距。

这对城市中人的影响是巨大的。当时，尤其是在冬天，北京市民们能直接闻到空气中煤烟的味道、二氧化硫的味道。王书肖最直观的记忆是，当时如果她穿白衬衣出门，一天下来，领子会变成黄的，甚至是黑的，"这是一个很脏的城市"。

王书肖的博士导师郝吉明是改革开放后第一批留学的博士，是环境保护领域的代表人物之一。他常说的一句话是："大家不能只关注一个烟囱的事，还要对大气污染有一个系统的认识。"很快，王书肖就有了体会。

1999年，郝吉明老师安排她为陕西渭河电厂做一个二氧化硫污染治理的方案。给企业做方案，不像在实验室里那么简单，只关注技术，而是要和复杂的现实交手。到了暑假，她就跑到电厂里待着，把电厂的里里外外摸透了。

做一个整体的治理方案，也意味着她要从整个链路去考虑。首先要回到一切的源头：工厂应该用什么煤？"如果能用低硫煤，是不是后面就不用花很多钱去做末端控制？"她两个月跑遍了陕西省的各大煤矿，采集样品，带回实验室分析。

设计方案的过程中，她也发现，这不是一个纯技术的活儿，企业最大的顾虑是成本。电厂老板想的是："你要我换其他煤矿的煤，要多花多少钱？换了煤，我的锅炉会不会有影响？如果成本特别高，那我不能接受。"

最后，她的方案兼顾了技术、成本和现实。烟气脱硫有干法、湿法之分，干法的投资和运行成本都更低，但调整的空间更小。如果采用干法，当国家标准更加严格，就需要把所有设备拆了，重新安装湿法的设备。

而她的方案是，安装湿法脱硫的设备，随着政策变化，调整里面的参数。每个环节都可以调整，使脱硫效果更好，这套设备也可以一直使用。

电厂最后接受了王书肖的方案。很快，2003年，国家电厂的排放标准就更加严格。她的这套方案被证明是有效且可持续的。她博士论文的工作，也为2002年环保总局、国家经贸委、科技部发布《燃煤二氧化硫排放污染防治技术政策》提供了直接的技术支撑。

那时，王书肖的思考走向了更深处——他们已经可以通过技术把二氧化硫的排放量降下来，但降了之后对环境的改善到底有多大作用？"我做的是一个行业（煤电），在一个城市里，它的污染源是来自方方面面的，这时候我们应该怎么办？当时我是有疑问的，是没有答案的。"

王书肖博士毕业的时候，摆在面前的有几个选择，其中一个选项对她格外有吸引力：哈佛大学和清华大学有一个合作项目，试图从保护人体健康的角度去推动大气污染的治理。这正是她最感兴趣的研究领域。

那还是21世纪初，她"风尘仆仆"地从北京起飞，落地美国。中美社会关心的环境问题大不相同——中国还在关注城市的二氧化硫问题，美国已经在关心细颗粒物，也就是我们现在熟悉的$PM_{2.5}$了。中国直到2012年，才在《环境空气质量标准》中增加了$PM_{2.5}$的浓度限值。

博士后的两年时间，她埋头研究大气污染源与人体健康之间的关系，受到了一些启发——不同污染源排放的污染物进入环境空气后，人体吸入的比例应该是不同的。比如人在汽车里，离道路近，那么交通排放被人体吸入的比例就大；室内烧煤的炉灶排放出的污染物也会被人体直接吸入；但像电厂那样的企业，排放量虽然大，但经过大气传输、风的扩散，以及一些化学过程，被人体吸入的污染物比例就相对小很多了。

再往细里说，不同企业排放的污染物，化学组成也不同。像电厂排放的颗粒物，主要是飞灰，以各种矿物质为主；但像烧煤和秸秆的家用炉灶排放的颗粒物，里面有更多的多环芳烃等有机物，此类物质致癌，对人的危害更大。

那时，她学了一腔知识，与中国的现实深切相关，她也走到了一个十字路口——可以继续留在哈佛，她拿到了offer，同时还怀了孕。另一方面，中国城市的大气污染问题日益严重，亟待解决，那是一种真切而有力的召唤。"我做的这个工作，在中国更重要，有更大的舞台，或者说，我也更希望改善中国人的生存环境。"

她的博士导师、清华大学教授郝吉明，每年去哈佛访问时也都跟她说："哎呀，回来吧！我们现在特别需要人，我们有太多的工作要做了。"

2003年年底，她最终决定回国，但当时她的丈夫被美国一所大学录取了，因此放弃了机会。2004年3月，已经怀孕7个月的她，踏上了回国的航班。

建模型

郝吉明口中的"有太多工作要做"，一点儿不假。王书肖刚回国，一个任务已经在等着了——即将到来的2008年北京奥运会，需要一套空气质量保障方案。当时中国承诺，奥运期间空气要达到环境空气质量标准。担子很重，时间很紧。

空气质量要达标，得回到一切的源头，先要知道污染源在哪里。北京大气中有各种污染物，包括臭氧、$PM_{2.5}$、PM_{10}、二氧化硫、氮氧化物等，需要量化不同污染源排放对大气中这些污染物的浓度贡献，这样才知道应该优先控制谁——这是一个复杂的系统工程。具体到当时的北京及周边地区，最大的污染源是工业排放；因为建设奥运比赛场馆，建筑工地有大量扬尘，这些粗颗粒物对空气的影响也不小；另外，北京还有几百万辆机动车。

知道了来源，才能对症下药。环保是个系统工程，为了保障北京的空气，人们的眼睛需要看向更大的空间——不仅要关注北京，还要关注河北和天津，甚至山东、山西和内蒙古，这是不同区域、不同行业、不同污染物的协同控制。

王书肖首要的工作，是做一套大气污染源排放清单。所谓清单，可以把它想象成一张排放地图，污染源在哪里，排了什么物质、排了多少，污染源随着时间和空间怎么变化……清单上都要有。而当时，中国还没有自己的排放因子库，只有国外的数据，但这不一定准，还是需要中国本土化的数据。

大气污染源排放清单，也并非仅仅是北京奥运空气质量保障的"急就章"，之后的十几年，它都是王书肖的工作重点之一。她带着团队去往全国各地，测试了几十种家用炉灶、一百多家企业的大气污染物，也去到偏远的矿山，"除了工业企业，全国主要的煤炭、铅锌铜、石灰石的矿，大家都跑遍了"。这些数据是排放清单最可靠的来源。

她讲起与普通人最贴近的例子：家用炉灶。她出生在河北农村，了解农村，也一直关心农村的问题。在哈佛的时候，她已经知道，家用炉灶在室内狭小空间里排放，污染物的浓度是惊人的，"过去我们去农村测，室内细颗粒物的浓度经常达到几百微克每立方米，做饭的时候能到上千微克每立方米"——因为没有烟气处理装置，烧等量的煤，家用炉灶的排放量是工业锅炉或电厂的上百倍。再加上，炉灶和人的距离要近得多，对健康的影响也更大。这是一个必须关注的问题。

为了弄清楚这个问题，从 2004 年起，她和团队持续在全国的农村做实验，去到河北、山西、上海、浙江乃至贵州的偏远地带。贵州大山里不通车，要徒步走过去，但老乡们热情，拿出最好的腊肉招待他们。她的学生甚至还去到西藏，测了藏地燃烧牦牛粪的排放数据。不同地区不同炉灶的实验，结果都证实了家用炉灶对室内外空气质量和人体健康有显著的危害。

2018 年，这份研究成果在《美国科学院院刊》上发表，其中的一个结论是：在中国，由 $PM_{2.5}$ 导致的过早死亡人数中，一半以上是由家用炉灶固体燃料燃烧导致的。2013 年，中国有 36.6 万例这样的过早死亡病例。

十多年来，王书肖还有一个工作，与排放清单一样重要，那就是建立一个"排放-浓度响应模型"。

这个模型模拟的是污染物在大气中变化的过程和环境空气质量对源排放变化的响应。2003 年，王书肖回国时用的空气质量模型是美国环保署开发的。她很快发现，这个模型有问题，模拟出的数据和实际测到的数据不一致。

这当中有国情的差异——美国大气中污染物浓度低，化学过程简单，模型中的化学机制适用于他们的环境条件。但到了中国，"完全突破了条件"，当时中国有霾，湿度也高，因此一些情况变得不太一样，比如 $PM_{2.5}$ 中的硫酸根和硝酸根，用美国的模型就算不出来，因为中国特有的高浓度的颗粒物、高浓度的氮氧化物，都起到了催化作用。

既然如此，那就自己开始做。模型要准，首先就要求输入的污染物来源要准，因此她走遍全国，有了"污染物排放清单"；化学机制也要准，摸索物质间的反应机理，提出适用于中国大气的参数化方案，这又是一番苦功；这些都做到了，还要快——这个模型不是活在实验室里，而是要真正介入现实，帮助环境主管部门做决策。王书肖说："一个重污染过程，也就两三天的样子，你还没算完呢，它已经过去了。"这当然是不行的。为解决这个问题，她和团队又开发了排放-浓度近实时响应模拟技术，只要输入排放量的变化，立即就能知道空气质量会改善多少。

2008年北京奥运会时，这个模型在大气污染物浓度上的模拟已相对准确。到2018年上海进博会，排放-浓度响应模型已经可以和空气质量预报结合，可以预测即将发生的污染过程的来源，快速准确地评估应急减排措施的有效性，支撑了污染过程的精准应对。但这还不够，就像爬山，艰难的前半程爬升之后，还有漫漫的后半程。

更高的山峰

如果对大气化学的了解是一次登山，那么对全世界所有的科学家来说，他们前面的路是相似的——那座最陡峭的山峰，就是对有机气溶胶的研究。

有机气溶胶是大气颗粒物的重要组成部分。在北京，它在空气中的比例超过了35%，在一些空气较为清洁的发达国家，它的占比同样高，连亚马孙流域的大气中，都有它的存在。而且它既影响健康，又影响气候，是环境学家们无法避开、必须理解的重要命题。

它非常难，同时也很有意思，很迷人。王书肖把研究它的过程比作开盲盒。高中课堂上，王书肖就是因为这种"不确定"而爱上化学，同样的原因，她也想去啃有机气溶胶这一块硬骨头。

这种"难"，王书肖做了一个对比。实验室做实验，两个物质反应，生成第三个物质，有假设，也容易验证。但有机气溶胶不是，它涉及的污染物太多，或许有上万种，而且会反应很多次，不断演变，不断生成新产物，到现在科学家也没有完全摸清楚。当你采集了一个样品，想去分析的时候，"有时候是惊喜，有时候是惊吓"。

因此在当时，全世界的模型对有机气溶胶，尤其是二次有机气溶胶，估算的误差都很大。这是世界性的难题。

大概10年前，王书肖开始做有机气溶胶的模型，很多人都觉得，时机还不成熟。

但她没管这些，埋头就开始做。这个过程里是无穷的纠正和补全。比如最开始她想，有机物种类这么多，可不可以只选几个有代表性的，比如甲苯，搞清楚它的反应过程就行，但后来发现，没这么简单。再比如，最开始她的分析框架只分了两个维度，就是物质的挥发区间和氧化性，但后来发现，人为源和自然源的有机物，在大气中的过程也不大相同，这也是一个重要维度……

经过一次次的误差浇灌，到了2015年，第一版的模型终于完成了。有了模型，还需要数据去验证，她又花了5年，用实践和数据不断完善模型。到现在，她终于可以很有信心地说，这个模型的模拟结果，和现实中的观测结果越来越一致。这在全球范围内也是领跑的水平。

讲这些经历的时候,王书肖往往说的不是难,而是"有意思""惊喜",她的声音非常响亮,说着说着,常常发出爽朗的笑声。但其中的难,亲历者都有体验。

她讲起她一个做有机气溶胶研究的博士生。该生2020年博士毕业,但直到2022年初他博士论文的重要成果才被发表。博士生百感交集,跟她说:"哎呀,王老师,我都感觉我不想再做科研了。"王书肖明白这种感受:"这其实是非常折磨人的过程。"

这需要人有十足的耐心,乐观,意志坚定,有跑马拉松一般的毅力。更重要的,是王书肖还怀着最初爱上化学时那样的心情,"这个过程很有乐趣,很有意思"。很多事情一点一点做,总会出点成果,一步步也总能登上高山。

服务社会

把目光从实验室移开,王书肖的工作也深深介入了现实——她参与了《重点区域大气污染防治"十二五"规划》《大气污染防治行动计划》(2013—2017)、《打赢蓝天保卫战三年行动计划》(2018—2020)、《"十四五"空气质量持续改善行动计划》等国家重大政策的制定和后评估工作,用研究影响决策。我们生活的这片蓝天,与她和她的团队有真切的关系。

其中影响最深远的工作之一,是她和同事们建议,国家不再以"污染物排放总量控制"为核心来做管理,而应该以保护人体健康为导向。到了2012年,国家修改了环境空气质量标准,相应地，各种防治计划里，不再只考虑排放总量，都设定了 PM$_{2.5}$ 浓度下降多少的目标。

在采访中，我们也多次谈到环保与人的关系、政策与人的关系。她说环境这门学科，如果说难，可能就难在，当专家抛出一个观点或政策的时候，要考虑到方方面面的影响，她特别不愿意看到的一件事是，"本来是一个好的措施，结果产生了坏的影响"。

她也在这个过程中了解到了一些更粗粝的现实。比如环境的公平性问题，更具体地说，一个相同的环保政策，是不是给所有人带来了相同的效益，让大家享受了相同的福利。

在某些地区，越贫困的人，他们享受的空气质量，尤其是室内的空气质量，往往是越差的。

她也开始关注农村与城市、不同收入人群、不同受教育人群所享受的环境差异，并思考环境学家的工作——她始终认为，从根本上来说，清新的空气、清洁的水，都是一种公共资源，每个人都有权享受。

地球、大气、海洋和未来的人

文章的最后，我们可以再来认识一下王书肖本人。

就像几乎所有女科学家那样，她不止一次被问到："怎么平衡家庭和工作？"她会很直接地回答，她平衡得不好。

她的大部分时间都给了工作，连晚上和周末也都在工作，但还是觉得时间不够用。她的家人也早已习惯，几乎是从在清华读博士开始，二十多年来，她的作息从未改变：每天6点起床，

7点就到了办公室，晚上10点才回家，回了家，也不一定就不干活了。工作的时候，她的手机会关机或静音。

而她的女儿，也是她办公室的常客——每天女儿放了学，就去办公室找她，两人一起吃饭，回到办公室，女儿写作业，她就继续工作，晚上10点两人一起回家。她说："女儿知道我很热爱我的工作。她6岁的时候，我要出国开会，分不开身，就带着她，她在会场的一个角落画画、看书。"

她觉得自己特别不像一个"海淀妈妈"。前段时间，母女俩遇到她的一位同事，对方问起中考政策，她下意识回答，自己好像不知道，还是她女儿告诉对方都需要关注什么。在她女儿中考时，别的妈妈都在焦虑，带孩子去面试，而她始终在工作，女儿说："我妈妈什么都不知道。"

她的忙碌，或许有一个原因是，她想做的事情有许多。2019年，王书肖申请了"科学探索奖"，想做点自己一直想做但没做成的事情——大气污染和气候变化的协同应对。

这件事的源头，或许可以回溯到多年前。2001年，她在哈佛做博士后时，哈佛的科学家们已经在关注气候变暖。她放弃这份工作，回国，亲历并参与了中国空气质量改善的20年。漫长的马拉松之后，她还是到了这里，这是某种意义上的殊途同归。

如何理解"大气污染和气候变化的协同应对"？她举过很多例子，比如把煤电改为太阳能，不仅温室气体减少了，煤炭产生的大气污染物也会减少。再比如说，她的研究表明，提升能源效率和低碳能源政策所带来的健康效应，是成本的8倍，"绝对属于无悔的选择"。

在过去，大气污染和气候变化是两个领域，科学家们各自盯着一块儿，少有交集。但它们本质上是同源的——都跟能源相关，中国以煤、石油为主的能源结构，既排放温室气体，又排放污染物，把这个抓手抓住了，两个领域都受益。

她想的操作路径是，首先把大气污染物和二氧化碳排放及控制措施耦合起来，同一个源头，同时可以看到污染物和温室气体的排放情况。掌握了这些信息，再去设定，如果用了不同的措施，成本、效益如何？花多少钱？能产生多大的环境效益？

往小了说，这可以影响一家工厂；往大了说，这是在规划国家未来减污降碳的技术路线图——以后的几十年里，我们走什么样的路，选择什么样的能源结构、产业结构和交通结构，以实现碳和污染物的协同减排。用研究影响决策，这是她一直以来的工作。

现在，这个耦合系统也已经有了新进展。在一些重要行业，比如水泥、钢铁、电力、有色金属冶炼等，已经实现了对污染物排放和二氧化碳排放的计算。在北京、上海和成都，这个系统已经能做到对生产和消费的双重计算。随着计算精度的提高，曾经模糊的画面将变得越来越清晰。

在接下来的一些年里，这件事都会是王书肖的工作重心之一。

在访谈的尾声，我们也谈到了时间。

对个人的生命来说，时间是短暂的、易逝的，王书肖今年49岁，按照清华的规定，63岁必须退休，她再爱工作，也最多只能再工作15年。这给她一种时不我待之感，甚至让她怀着一种悲观的心情。

但同时，在环境科学家的眼睛里，又有一种从容与达观——她的工作需要时间验证，尤其是气候变化，今天所做的许多事情，真正反映在地球上，可能是在50年后，甚至是百年后。

或许她这一代人在有生之年,不会直接看到结果,但地球、大气和海洋都是有惯性的,今天的行动,会让下一代人,下下一代的人,生活在更好的世界。

对话王书肖

谈模型:正因为它是不解之谜,大家才有兴趣去研究它

杨国安:2003年,你从哈佛回国,主要的研究领域是什么?

王书肖:主要是城市空气污染控制。当时面临的第一件事就是2008年奥运会空气质量的保障。科研工作是非常实际的,直接面临的一个问题就是,到底有多少污染物的排放?哪些企业在排放?因为如果想控制,首先得知道污染是从哪里来的。我去美国学了空气质量模型,使用它也需要知道污染源的情况,这是一个最基础的输入数据。

杨国安:后面是怎么做到的?

王书肖:我们花了十多年时间,去测试中国不同的企业,看它们排多少污染物,污染物是什么性质。比如看颗粒物,它里面都有什么化学组分?这要去做实地测试。实际是很难的,一个很简单的例子——企业排的烟气里,既有颗粒物,又有气态的挥发性有机物。我们不仅不知道它有多少种,而且很多都没有测试方法,把它采到罐子里,可能马上就发生化学反应,所以要从测试方法开始做。

杨国安:这个工作,是去开发一套方法论吗?

王书肖：开发一套方法。比如颗粒物采样，颗粒物上一些有机的组分会挥发掉，采不全，我们就开发了气态和颗粒态有机物同时测试的系统。

从采样方法，到排放因子和化学成分的测试，我们跑了100多家企业，去了电力、钢铁、水泥、有色金属冶炼等企业，又去了山西、贵州等地区的农村，去测家用炉灶的排放，寻找测试结果和企业本身采用的技术、使用的燃料、使用的污染控制设备之间的关系。把这个规律找出来之后，建立了一个中国的大气污染物排放因子模型。

杨国安：这个空气质量模型听起来好像是一个巨大的谜面，不像可推导的公式，而且是非常复杂、没有穷尽的？

王书肖：是的。如果我在实验室里做实验，拿两个物质去反应，生成第三个物质，这是非常容易实现的。但是在环境里不是这样的——物质非常多，相互之间又会影响，确实是一个很大的谜。但正因为它是不解之谜，所以大家才很有兴趣去钻研它。

杨国安：这个空气质量模型的精准度，现在大概是一个什么样的水平？

王书肖：不同的污染物不一样。通常大家熟悉的污染物，像二氧化氮，已经比较准了，大概为 ±20%。有机气溶胶模拟的误差会比较大，我们最近的研究，已经把误差也缩小到了 ±20% 左右。但是对很多大气过程的认知还不清楚，比如对新粒子生成和生长过程的模拟误差就比较大。

谈影响决策：只要科学，是会被听进去的

杨国安：你们的工作里，有哪些是真正影响了决策，或者影响了现实的？

王书肖： 中国环境空气质量管理的核心目标是有很大变化的。"十二五"是"排放总量控制"，比如设定二氧化硫的排放总量下降10%；但在 2012 年，国家修订了环境空气质量标准，2013 年发布的《大气污染防治行动计划》(2013—2017)不只是考虑排放总量减多少，而且已经转向以环境空气质量改善为核心。后来我们在《打赢蓝天保卫战三年行动计划》(2018—2020)的评估里，加入了成本效益分析，国家也更关注采取的措施是否真正保护了人体健康。这是我们的工作起到的一个比较重要的作用。

杨国安： 你觉得政府在政策上还是给予了一些支持？

王书肖： 还是大力支持的。清华团队一直都在参与我国大气污染防治重大政策的制定和实施。我们说的话，只要是科学的，政府是会采纳的。2016 年我发了一篇论文，这篇论文被时任环境保护部部长的陈吉宁看到了。2017 年，他在一个会上说起这篇文章，说雾霾里有硫酸根，要降低硫酸根，不只是减二氧化硫，也应该减少氮氧化物和颗粒物。我就被他们请去专门做了一次讲座，推动多污染物的协同治理。尤其近年来，政府更加强调精准治污、科学治污。

杨国安： 你怎么评价"十四五"规划里关于环保的内容？

王书肖： 很好。第一个是经济、环境的协调发展，或者说高质量发展，这是我们做环保工作的人特别关注的一件事。第二个是"协同"，我们原来只关注单一的环境问题，做气候变化的，就只关心气候变化，做大气污染的，就只关心大气污染，但我们现在讲"减污降碳协同增效"，这是非常科学的。一个措施实施了，既能减少二氧化碳，又能减少大气污染物，对环境的效益是最大化的，这是我们举双手、双脚赞成的一个点。

杨国安： 环境学家确实需要的突破是什么？是一个更系统、更综合的思维吗？

王书肖： 对。前几天有一个学生问我："王老师，你觉得环境科学最大的特点是什么？"我说系统性，环境科学是很综合、交叉的学科，会用到各方面的知识。

我原来做控制技术，要做一个催化剂，只要懂得化学过程就好了，很微观，很具体。但环境这个学科不行，你抛出一个观点或者一个政策，它的影响是方方面面的。如果考虑不周，本来是一个好的措施却可能会产生坏的影响，这是我们特别希望能够避免的。所以要更加全面地看问题。环境保护也好，气候变化也好，最终都是落在怎么更好地保护人体健康和生态安全上。

杨国安： 你一直提到"成本"，好像很少有科学家会这么认真地考虑这件事？

王书肖： 我是农村出来的，我上学也都是国家出的钱，我从小到大都很关注成本。其实就算是发达国家，它也关注成本，任何一个政府也好，企业也好……都是希望少花钱多办事。

谈耦合：对中国来说，大气污染和气候变化的协同特别重要

杨国安： 申请"科学探索奖"的时候，你提出想做"大气污染和气候

变化的协同应对",原因是什么?

王书肖: 这个方向,很多年前我就感兴趣。大气污染和气候变化,实际上是不可分的,本就是一个大气。原来,大家做气候的做气候,做污染的做污染,每个人只盯着自己那一块儿。我希望找到一个有效的技术途径,或者说中国发展的路线图,花最少的钱,但是能有效地实现这两者的协同治理,这是我的出发点。还好有"科学探索奖"支持,这3年做下来,我也算是有一点进展。

杨国安: 这项研究目前比较大的突破是什么?

王书肖: 简单地说,相当于把大气污染物和二氧化碳关联起来了。我们团队开发了区域空气质量智慧调控决策支持平台(ABaCAS),进而和经济-能源-碳排放模型(GCAM)进行了精细耦合,从而把大气污染物和二氧化碳的协同减排耦合起来,同一个源,污染物和温室气体都在排放,你都可以看到。我们给它设定不同的措施,就可以评估不同措施的成本和效益分别是多少。举个例子,二氧化碳降了之后,全球升温可能会减缓,热浪减少了,热浪导致的早逝也变少了。但实际上,当我们采用清洁能源的时候,一定会减少大气污染物的排放,其清洁空气的健康效益可能还远大于热浪减少的健康效益。所以,需要把两者耦合起来综合考虑。

杨国安: 所以其实是相对双赢的。

王书肖: 绝对是双赢。大家一般会认为改善气候的效益会更大,但其实,可能改善空气质量的效益更大。

杨国安: 从你们的研究来看,降碳和减污一定是正相关的吗?

王书肖: 不都是正协同,也有不协同的地方——比如一个企业不控制污染，它排放的大气污染物多，但是用的能源少。污染控制设备是要消耗能源的，制造催化剂的过程，要产生污染、消耗能源；废物处理也是增碳的。这就是不协同的地方。

但为什么对中国来说协同特别重要？因为我们的能源结构还是以化石能源为主。对全球来说也仍然重要，因为现在全球80%以上的能源仍然是化石燃料，占比依然很高。

杨国安：基于碳中和的大背景，包括我们即将面对的能源结构调整，清洁能源的使用，是不是也给环境学家提出了新的挑战？举个例子，清洁能源可能会产生新的污染。你怎么看这些新的挑战？

王书肖：碳中和要大力发展新能源，但如果要生产太阳能板，生产风机涡轮，一定会造成问题；金属材料、锂电池蓬勃发展，也会带来新的环境问题。所以当我们评估新能源的时候，要评估整个产业过程，比如评估它是否产生固体废弃物，产生水污染。

举个例子——电动车推广。电动车的电池几年以后就要换，电池该怎么办？是直接回收还是再处理？因此，现在要做它的梯级利用，比如清华有一个实验室就是用废旧电池供电的。电池给车供电不行了，但还可以用于室内照明，也可以用于公园照明，类似这样的梯级利用。到最后真不能用了，再去回收。所以这是全产业链跨介质环境评估，确实给我们带来了很大的挑战。

谈未来：大气和海洋都是有惯性的

杨国安：作为环境学家，你觉得普通人能为环境保护做些什么？

王书肖：第一，节能，不需要用（能源）的时候就不用。第二，公共出行。如果是比较短的距离，我要么走路，要么骑自行车，再远一点儿可以去坐地铁，实在不行才打车或者开车。公共交通绝对是减污降碳的，尤其在中国，城市人口都很密集，这总体上是很有效的措施。

再比如在线会议，减少了飞机、地面交通，也带来碳的减少。原来我去开三小时的会，需要在别的地方住一晚，这不仅有时间成本，还有碳排放的成本。现在我在办公室里连线就好了，效果还很好，你们（腾讯会议）还做了挺大贡献。

杨国安： 如果需要你对公众阐释，协同关注大气污染和气候变化对中国或者发展中国家的意义和价值是什么，你会怎么回答？

王书肖： 大家都会关注自己的身体健康，不管是中国还是全球，至少在2030年之前，大气污染带来的健康影响其实都远高于气候变化的影响。但应对气候变化是为了子孙后代，为了给他们创造一个更长期的生存条件。

这件事的意义在于，我们既要考虑当代，又要考虑未来。空气质量改善受益的是当下，但气候变化，在2060年前实现碳中和，效果真正反映在地球上要到2050—2100年，已经是50年甚至100年后的事情了。

因为地球是有惯性的，大气和海洋都是有惯性的。我在有生之年，可能不会直接看到这种气候变化带来的更多改变。但从未来的角度来看，我们希望能通过不同阶段的努力，更好地保护人体健康。

杨国安： 在你的研究领域，未来10年你最想突破什么？

王书肖： 2030年既达峰又达标——空气质量达标、二氧化碳排放达峰，这就是"双达"，是我的近期目标。所以我现在特别想突破的是，为实现"双达"提供更好的算法和工具，也就是怎么把目前先进的技术，包括大数据、AI、算法，融合到传统模型算法里，支持这个目标实现。

杨国安：在未来的5~10年，你觉得你所在的领域最有可能的突破会是什么？

王书肖：做技术预测非常难。它有一些偶然性，不好判断。也许会非常快，一个偶然的发现，一下子就走了一大步，也可能会一下子卡很长时间。但我自己觉得，可再生能源技术和储能技术，是非常有希望在10~15年内取得显著进步的。

杨国安：你对自己未来的职业生涯，还有什么样的规划？

王书肖：很遗憾，我们学校要求63岁就必须退休，所以我只有15年的时间了，感觉更有紧迫感了。我仍然希望能在退休前，把大气污染和气候变化协同的研究做出一个自己比较满意的结果，为国家决策提供科学支撑。目前最重要的还是做好当下，过好每一天。

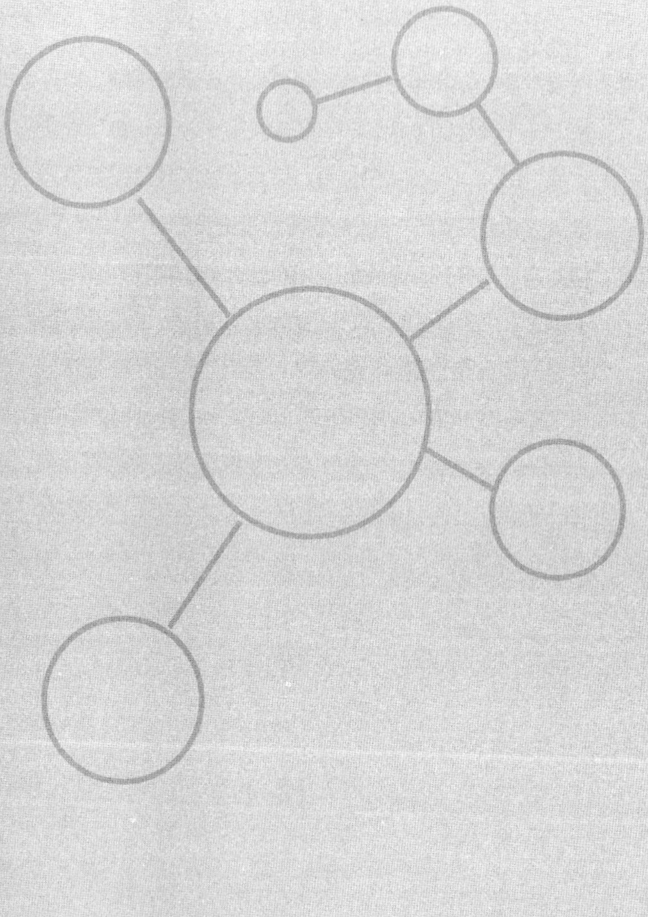

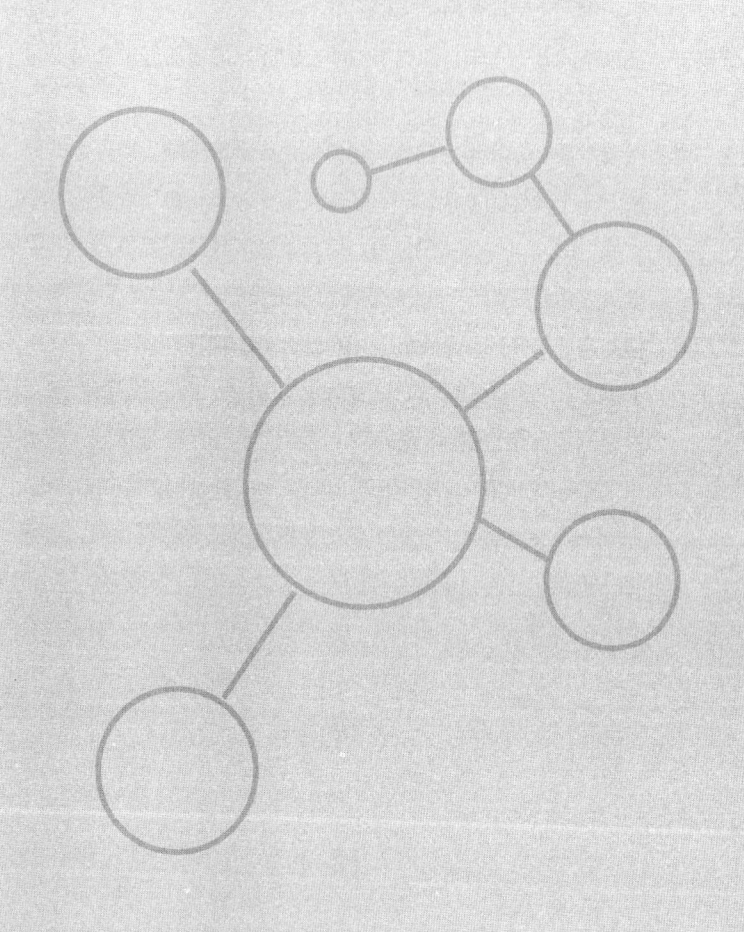

数智科技篇

建设数智技术，通往数字世界

这个时代最基础，或许也是最重要的一个事实就是，我们正生活在信息时代。从狩猎时代、农耕时代、工业时代再到如今的信息时代，人类的"主战场"在不断地发生变化：先是森林，继而是田地，然后是工厂，而如今是数字世界。想一想，如今我们每天有多少生命活动是在数字世界里进行的？我们整个社会的经济运行又已经多大程度上依赖于数字世界了？为了与现实世界相区分，我们也称数字世界为"虚拟世界"，但实际上，这个"虚拟世界"已经越来越真实。

当我们每天在互联网上工作、娱乐、购物，与家人和朋友视频通话的时候，当现实中的很多活动都与手机里的某个 App（应用程序）有关（要么由它"驱动"，要么需要用到它），当网络成为社会舆论的发源地和主场域——我们很难再说那是一个"虚拟"的世界了。它是人类创造的另一个真实世界。

本篇我们将讲述数字世界背后的几位科学家的故事，他们身处人工智能、计算机图形学（CG）、自旋芯片、类脑计算、量子信息科学等不同的前沿领域，从不同的方向为数字世界的发展贡献着自己的才智。

中国科学院计算所研究员山世光是一位专注于计算机视觉的人工智能研究者。他进入这个领域的 20 多年里，研究从传统的人脸识别发展到了"读心术"。比如，他的一项已经被应用的研究成果是，只要你对着摄像头看 10 秒，手机就可以估算出你的心率。他正在进行的两个研究项目，则是通过让摄影头捕捉孩子的眼神、面部表情和身体动作，由 AI 基于这些信息筛查儿童孤独症和儿童罕见病。这些技术实际上为我们提供了各种各样可以"察言观色"的专用AI，通过"看"，它们就能判断人的健康状态和精神状态。

可以说，山世光这样的人工智能研究者是在通过数字图像和视频理解、认识现实世界，而浙江大学计算机科学与技术学院教授周昆，则是在努力构建与现实世界平行的数字世界。他是一个计算机图形学研究者，他和他的同行们的研究成果以一种非常直观的形式体现在电影、游戏和虚拟现实应用之中。在20世纪六七十年代，出现在电影中的动画真的只是一些可以动的画面，但如今，电影里的动画已经变得栩栩如生，"几乎像真的一样"。而未来，数字世界与现实世界将发生更为深度的融合，让人、物、景更逼真的计算机图形学技术将进入并改变我们每个人的日常生活。比如，每个人都有自己的数字化身——通过数字化身，活人与逝者也可以"对话"；周末晚上，我们可以约上几个身在不同城市甚至不同国家的朋友在虚拟现实里聚会；到那个时候，我们在虚拟现实里创作自己的3D内容可能就像现在发朋友圈和制作短视频一样容易……

整个数字世界是构建在芯片之上的，芯片是数字世界的物理载体，因此，芯片产业的发展直接制约着数字世界的发展。2023年3月24日，戈登·摩尔去世，这也许可以视作芯片产业进入"后摩尔时代"的一个象征性的时刻。摩尔曾经提出过一个著名的定律，即"摩尔定律"，芯片很多年里一直遵循着这一"定律"往前发展——每18~24个月，相同尺寸的芯片可容纳的晶体管数量和性能都会提高一倍，而成本则降低一半。但一个问题在新世纪出现了：摩尔定律似乎正在失效。北京航空航天大学集成电路科学与工程学院教授赵巍胜一直研究的是自旋芯片,而自旋芯片正是"拯救"摩尔定律的极有竞争力的技术方向。

在努力"拯救"摩尔定律的还有其他方向的研究者,比如北京大学信息工程学院教授杨玉超,他从事的是忆阻器和类脑计算研究。杨玉超和他的同行们试图向大脑"学习",借鉴生物神经系统的信息处理模式,构建芯片体系结构,而忆阻器成为最受关注的一种器件——由于忆阻器和神经元、突触属性贴近,这一特性为计算机在物理层面上模拟大脑提供了可能。

还有一些人,在物质世界的"底部"努力着,他们是一些量子信息科学家,陈宇翱就是其中之一。陈宇翱的主要研究方向包括多粒子纠缠操纵、量子模拟、量子通信等,他也曾担任由中国建造的世界首条量子保密通信干线"京沪干线"的总工程师。陈宇翱每天在实验室里打交道的是一个让爱因斯坦至死都感到困惑与不安的"幽灵一般"的量子世界,量子世界充满神奇、怪诞的现象,这些现象与我们的直觉完全相反。比如,这个世界里的粒子以概率的形式存在,只有当它被观测的时候,它才"塌缩"为一个确定的存在;相隔甚远的两个粒子之间可以发生"纠缠"——A发生变化,B也同步发生变化,就像它们可以互相通风报信一样。

陈宇翱的工作就是让"幽灵"为人所用。量子世界这些"幽灵一般"的特性恰恰让量子技术展现出巨大的潜力:量子计算机的算力将极为惊人,经典计算机需要几十亿年才能破解的密码,量子计算机只需几分钟就能破解了;而且,量子信息科学很可能将深刻地改变生物、化学、制药、能源、食品生产等多个领域。

量子技术之所以具有巨大的潜力,是因为我们所熟悉的物质世界，在"底部"恰恰就是以量子物理的方式在运作的。因此，陈宇翱和他的同行们的工作也许还有一个更为重要的意义，他们会帮助我们更深入地认识和理解自然。"量子物理最大的吸引力在于，你能够对事物的本源进行全新的认知。"陈宇翱说。

科学家们致力于这些前沿的、重要的研究，在研究走向深入的同时，他们看待世界的方式也在潜移默化中被这些研究发现改变着，在科学的硬核外表下，一种认知的浪漫同样打动人心。

人工智能科学家山世光看到了一个个"神奇"的世界：作为自然的造物，人脑以及整个人体在几十亿年间，竟然由最初的单细胞生命进化成了一套如此精密的系统，而AI，这个最伟大的"人造物"也是如此神奇，它在自然界甚至没有一个可以完全相类比的东西。

赵巍胜一直在研究如何操控电子自旋，但，自旋到底是怎么一回事儿？电子所处的世界究竟是一个怎样的世界？对这些，我们仍然所知甚少。赵巍胜内心藏着一个隐秘的期待，他希望未来的某一天，会有一些"极端聪明"的头脑把电子的世界弄明白。

周昆对人类通过数字化身实现"永生"的未来充满兴趣和期待。而杨玉超则为"混沌"所迸发出的可能性着迷。他研究的类脑计算核心的特质是"混沌""非线性"，无论是大脑还是忆阻器，都与"混沌"和"非线性"有关——它们产生的是迷人的复杂性和丰富的可能性。

研究也影响了杨玉超看待世界与未来的方式。当我们问他想象中的30年后的世界是什么样时，他思索了很久，摇摇头，说："我做的是非线性的研究，常常用非线性的视角来看。30年之后的发展是高度非线性的，就像'混沌'一样，前边一个微小的量的变动，会带来一个巨大的变化。""社会的变化常常超出我们的预期。"

科学和技术又何尝不是如此呢？整部科技发展史，就是一个个超出我们预期的科学发现被科学家们提出的历史，就是一项项超出我们预期的技术进入我们的日常生活并改变我们生活的历史。这是科学家们的功劳，也是自然的"功劳"。自然，总是超出我们的预期——我们所知的已然很多，但仍然有限。感谢科学家，感谢自然。

第十一章
从人脸识别到"读心术"，
让机器看懂世界

山世光
世间一切尽在脸上

人工智能科学家山世光喜欢引用西塞罗的一句话，"世间一切尽在脸上"，这么多年他对此深有感触。我们能从一张脸上（或者推而广之，从人的身体上）"看"到的信息，远比我们想象的多得多。这也正是他所从事的计算机视觉研究所做的工作：通过算法，让机器认识人、理解人，能够"看"这个世界。正是山世光和他的同行们的工作，使机器表现出越来越多的"智能"。但机器并非在简单地模仿人，未来，AI 会是什么样子呢？对此，山世光抱以一种开放性的态度。

AI 能为人们做些什么？

山世光第一次见到计算机，是在上高中的时候。那是20世纪90年代初，计算机还是一个非常新鲜的玩意儿。整个高中只有一台，放在物理老师的实验室里，学生们甚至没有机会近距离接触它，好奇的山世光也只是隔着窗户往里看了几眼。后来高考报志愿，他选了哈尔滨工业大学的计算机专业，心里想的是，"电脑那就跟人脑一样，很厉害"。其实他并不知道"电脑"到底能干什么，但对它有一种"不切实际的想法"，"好像（它）啥都能干"。

偶然的选择影响了他一生的轨迹，他的人生重心从此再也没有离开过计算机。如今，47岁的中国科学院计算所研究员山世光，已经是计算机视觉领域一位顶尖的人工智能科学家。他的研究成果曾获国家自然科学二等奖和国家科技进步二等奖，他也在2019年获得首届"科学探索奖"。2022年，他因"对视觉信号处理和识别的贡献"而入选新晋 IEEE Fellow[1]。

从学科角度来说，人工智能研究是计算机科学的分支，因此可以将 AI 理解为计算机的衍生物，它们拥有相同的底层逻辑。对 AI 或计算机来说，万物皆数。比如，我们眼前一张尺寸为 1024×768 的图片，其实是 786432（1024×768）个"点"（即"像素"），每一个点有红、绿、蓝（RGB）三个分量，因此，机器接收到的就是 2359296（$1024\times768\times3$）个0到255之间的数。而在计算机内部，所有的数最终都是由二进制表示的，要么是0，要么

---

[1] IEEE 即美国电子电气工程师学会，IEEE Fellow 入选者均为信息技术领域的杰出科学家。

是 1，算法工程师们写的代码最终操控的就是这一个个的 0 和 1。

真正接触计算机之后，山世光当然立刻知道它并非无所不能，但他当初对它的想象却也不算离谱，因为，后来他的工作正是将一个个看似"不切实际的想法"变为现实。像是一个有趣的巧合。这么多年里，他见证了很多的"不可能"成为可能。比如，通过摄像头测心率，在以前他觉得这是不可能的事，但现在事实证明，是可能的。他和团队的研究应用在智慧健康 App 里，你只要看着摄像头 10 秒，手机就可以估算出你的心率。

这项技术背后的逻辑是：心脏在跳动的时候会泵血，血管里的血流量会发生周期性的变化，而这种变化又会导致皮肤反射的颜色相应地发生周期性的变化。皮肤颜色的细微变化，人类用肉眼是无法看出来的，但机器可以。

最初的启发来自麻省理工的研究者，他们做了一系列弱信号检测相关的研究。比如，通过 Wi-Fi 信号的微弱变化去监测人的呼吸，因为人在呼吸的时候，Wi-Fi 信号会有变化——尽管这个变化极其微弱。或者，通过使用高分辨率的摄像机拍一扇半开的门，去分析屋子里的情况。这里面的逻辑是相通的，只要有能检测到的微弱变化，就能将其提取出来进行分析，无论它是无线信号的变化还是皮肤颜色的变化。

人工智能研究是一个应用性强的学科，因此，"AI 能为人们做些什么"是山世光随时在思考的一类问题。这个清单可以列很长：AI 可以帮助医生筛查早期儿童孤独症——这是山世光团队已经在做的；AI 可以帮助未来可能普及的共享汽车设计一个通过拍照检测醉酒的算法——这是山世光感兴趣但还没做的；AI 可以帮助考古学家修复文物——这是山世光在与考古学家的交谈中探讨的……

　　从在硕士时期选择人脸识别方向算起，山世光已经在人工智能研究领域工作了 25 年。这 25 年可以分为两个主要阶段：前 20 年是"看脸"，也就是人脸识别；2017 年后，开始转向"读心"，也就是感知人的情绪，具体地说，就是让 AI 去解读人的生理指标（比如心率、血压等）、短期心理状态（是否分神、疲劳、紧张、亢奋等）、长期精神状态（是否患有抑郁症、孤独症等）。从刚入行的时候起，山世光就有一个愿景，就是让 AI "能够认人，理解人，能够'看'这个世界"。这些年里，他正朝着这个愿景越走越近。

世间一切尽在脸上

　　人工智能领域在发展初期是"合"的状态，"大家认为就应该做一个通用的人工智能，这个人工智能会所有的事情，声、图、文所有的都会做"。等到山世光入行的时候，这个行业早已进入"分"的阶段，研究者们不再执着于研发一个通用性的人工智能，而是专注于一个个的专家系统，用山世光的话说就是"一事一议式的人工智能"，"来一个任务做一个 AI"。如果从处理对象上来分，AI 主要包括语音技术（声音）、计算机视觉（图像）、机器翻译与自然语言处理（文字）等，20 多岁时，山世光从里面选了"图像"，他觉着图像"看得见、摸得着"，"最有意思"。

　　选择这个方向的时候，山世光听说了导师的小故事：在麻省理工访学时，导师说自己"脸盲"，见过的人总记不住名字，他就和学生们说，我们能不能做一副眼镜，它能把见过的每一个人都记下来，这样再见到的时候就不至于尴尬了。这个故事后来成为山世光向别人介绍自己如何入行时反复讲起的"源起"——他也觉得自己"脸盲"，正需要这样一副眼镜。

人脸识别，顾名思义就是让机器去识别人脸。"脸盲"的故事只是一个听上去很生动的玩笑——对人类来说，识别一张脸是一件自然且毫不费力的事情，反而对机器来说，曾经是一个巨大的难题。很长时间里，研究者们都在思考，人是如何识别人脸的呢？也就是说，研究者们想让机器向人学习，去模仿人。

人脸识别研究始于20世纪60年代。在山世光入行的最初十多年里，国际上的人工智能研究还都处于更为"人工"的阶段，山世光和他的同行们的工作也都在此前提之下展开。简而言之，就是由研究者"拍脑袋"去设计和尝试一些模仿人的算法。比如，20世纪70年代的时候，研究者们想的是用几何参量去识别，比如，让机器去测人两眼之间的距离、眼睛到鼻子的夹角、嘴唇的面积等等，然后根据这些参量去识别。但这条路很快被证明是走不通的。

后来，研究者们又尝试了很多其他的思路，比如将一个人的多张照片叠加，生成一张"平均脸"，然后将需要识别的图片与这张"平均脸"比对；或者，将人脸"分解"为眼睛、鼻子、嘴等多个元素——眼睛是丹凤眼吗？鼻子是鹰钩鼻吗？嘴是樱桃嘴吗？诸如此类。但它们的识别准确度都不理想。这些算法的一个共同问题是，它们其实并不是人类识别人脸的方式，人没有这么机械，而且，在以这种机械的方式识别时，原本人类自己识别时不需要调动的一些认知此时也成了鸿沟，比如，人类的眼睛、鼻子和嘴分别有多少种类型，谁说得清？

2005 年后，人脸识别有了一个新的思路，将图像的所有像素连起来，会形成一个高低起伏的"信号"，因而就有了频率，然后再通过算法去比对不同人脸区域频域模式上的异同，进而判断"他是谁"。山世光团队在这一时期沿着这个思路设计的 LGBP 方案，在很长一段时间里是同行中最好的方法之一。

提及自己满意的研究，山世光说起曾经发表在 TIP[①] 上的一个研究，他的人脸识别算法使用了以前同行们普遍认为没有意义的相位信息，并证明其实相位信息是有效的。后来这个研究在 AI 技术领域被引用了一千多次。

"做出自己满意的研究是一种怎样的体验呢？"

"我们做科研的人可能都有这种体验——当突破了自己的一个认知，哪怕是一个小的认知时，都会有一种'其他人都不知道，只有我知道'的感觉，这会促使我想要把它公布出去，让更多的人知道。这是一个蛮有愉悦感和兴奋度的事。"

山世光喜欢引用西塞罗的一句话，"世间一切尽在脸上"——这么多年他对此深有感触。我们能从一张脸上（或者推而广之，从人的身体上）"看"到的信息，远比我们想象的多得多。

2010 年后，深度学习的普及和大数据时代的到来让人工智能领域迎来一个新的时代，一个具体的变化是之前人脸识别的难题被迅速解决了，到了 2017 年前后，原先还打算做一辈子人脸识别研究的山世光觉得，这个领域已经"没什么可做的了"。2010 年之前，人脸识别的错误率还在千分之一的数量级，到了 2017 年，错误率迅速降到了十万分之一，甚至百万分之一。如

---

① *IEEE Transactions On Image Processing*，图像处理领域的顶级刊物。

果回到 10 年前，山世光会认为这是绝无可能的。他戏称自己"失业"了，不得不转行，研究起了"读心术"。

当然，这只是一个玩笑。"读心术"其实依然是山世光的老本行——计算机视觉，只是相比人脸识别，它在"让 AI 理解人"这个方向上又往前迈了一步。

近些年，山世光团队致力于研究 AI 算法识别人类表情，"读心"也就是通过摄像头察言观色，从计算机视觉的角度感知并深刻理解人类的意图、情绪和精神状态，比如，基于视觉的心理状态估计（如专注、无聊、紧张、焦虑等）。其中，专注度评估、基于视觉的生理指标测量等是富有原创性的前沿研究。2018 年，他们对专注度评估的研究，精度达到 0.07（非常小的误差），并在一场国际比赛中获得第二名。2020 年，他们收集了 3000 多人的数据，实现了用一张脸部照片去估计一个人的身高、体重以及 BMI（身体质量指数），身高误差只有 5 厘米，体重误差只有 5 千克，BMI 误差不到 2。2021 年，他们设计了新的算法来估计一个人的视线方向或视点，并在另一场国际竞赛中获得了冠军。这些技术研究未来将在人的精神状况评估、老年性脑神经萎缩疾病、压力分级、疼痛分析、帕金森病诊断、金融信贷评估、驾驶员状态评估等领域有广阔的应用空间，从情感计算推及智能医疗。

2018 年起，山世光团队开始了一项儿童孤独症筛查项目，他计划用 10 年时间完善这个研究。孤独症越早发现越有利于早干预，但目前靠有经验的医生去做大规模的筛查并不现实，山世光想通过 AI 实现这一点。他与孤独症研究专家合作，正在带着团队探索设计一个 5 分钟左右的"动画片"，然后通过普通的摄像头捕捉孩子观看动画片时的视线、眼神、面部表情和身体动作，再结合医生和心理学家的经验去判断这个孩子是否有较大的概率为孤独症患者。

2022年初，山世光团队又与广东省人民医院心儿科合作了另一项儿童疾病的筛查项目，这次筛查的是罕见病。罕见病最终确诊要靠基因检测，但让每一个孩子都去做检测，也不现实。因此，可以让AI先做一轮筛查，初筛阳性的孩子再去做进一步的医疗诊断。目前山世光团队已经把识别精度做到了80%，他希望将来可以做到90%甚至更高，如果实现，筛查准确性会超过多数普通医生。

枝杈与叶子

相比物理学等更为古老和基础的学科，人工智能研究还处于"婴儿期"，形象地说，这个领域没有牛顿或爱因斯坦这样开天辟地式的英雄人物。如今的科学家都越发趋于在一个共同体里工作，每个人专注于其中的一小块儿，然后众人一起推动整个领域往前发展，人工智能领域尤其是这样。如果把整个人工智能领域的知识发现和技术创新想象成一棵树，绝大多数的人都在叶子上工作，少数的人在枝杈上工作。

深度学习的代表性算法——卷积神经网络就是一个"特别大的枝杈"，它的创造者是图灵奖得主、法国计算机科学家杨立昆。卷积神经网络是从人类的神经网络得到启发和灵感的技术。人类的"智能"是通过860亿个相互连接的神经元实现的，人脑运作的过程就是这些神经元之间的连接动态变化的过程，而卷积神经网络也模仿人脑建立了一个"神经网络"，这个网络的"神经元"

之间的连接也处于动态变化过程中——正是这些动态变化让机器具有了自己"学习"的能力。关于卷积神经网络的研究1989年就发表了,但之后很长一段时间里,没有人在意它,它在几近被遗忘的时刻被人重新"打捞"起来,并在计算机算力大幅提升的大数据时代大放异彩。

最近几年,除了应用上转向"读心术",山世光也开始更多地涉足了枝杈上的工作。

"我们说天下大势,合久必分,分久必合,就是刚开始大家合,后来发现不行就分,分到一定程度的时候大家又发现分是问题了。对人来说,所有的五官感觉最后都是在脑子里面集成到一起去做判断,所以现在越来越多的人开始愿意去关注通用性越来越好的智能方法,它不再像过去一事一议式的,也许是五事一议、十事一议,这种智能可能会更好一些。"山世光说,"包括罕见病筛查识别,其实我们也是同样的思路。过去每个罕见病做一个模型,我们现在希望所有的罕见病都放在一起去做一个模型,就是'往下走',往更'通用'上走。"

"往下走"难度更大,却也是山世光更喜欢做的。在理论的维度,山世光重点关注的一个方向是小样本学习,儿童罕见病筛查和儿童孤独症筛查,都涉及小样本学习。小样本学习,顾名思义,指的是在这个系统中,无法获得大量的数据样本——像罕见病项目,目前山世光团队只得到数百个患儿的数据,有的病种甚至只有几个。山世光和他的团队要解决的是如何让AI在小样本的条件下依然能够"学习"。

小样本学习最好的借鉴对象仍然是人类自身。人是可以进行"小样本学习"的,比如,人见过一次狗就大致知道所有的狗是怎么回事，而不需要看了一万只狗之后才能知道狗是什么。人和AI的不同在于，人是有"地基"的，一个孩子从半岁能看清世界开始，除睡觉的时间之外，每时每刻都在看他身外的世界，当他需要去认一只狗的时候，头脑里已经有了一个强大的视觉世界的知识基座。因此，无论是孤独症还是罕见病的筛查，山世光和他的团队需要做的很重要的工作就是为AI"打地基"。

在罕见病筛查项目中，山世光之前选择的是构建一个基础模型——先让AI通过大数据去"学习"健康孩子的照片，让AI知道一个健康的孩子应该长什么样，"先学会正常，然后再去判断异常"。他反复琢磨，寻找新思路，考虑使用"以少变多"的方法，将正常发育的孩子的照片"变成""异常"孩子的样子，也就是用健康孩子的图片结合罕见病的特征生成相应的罕见病图片，然后让机器去学习。作为研究者、学生的导师，以及项目经理，他是那个每天思考全局和整体路线的灵魂人物，然后将拆分出来的细小的任务分配给他的团队，整个团队配合着向未知迈进。

孤独症识别还要更难一些，孤独症不像罕见病那样有一个相应的"正常"版本。山世光在思考利用"人的知识"去弥补数据的不足，"因为人的知识也是从大量经验数据里面提炼来的，把人的知识引入进去，相当于是引入知识背后的大数据"。目前这个项目还处于初期，有很多难题等着山世光和他的团队去解决。

在小样本学习上，山世光团队已经取得了一些"蛮有意思的进展"。比如人脸识别，他们用千分之二的数据取得的精度（86%）已经接近原先所有数据取得的精度（90%），这个精度可比肩国际上最好的结果。在动物脸的识别上，也实现了通过十几张图的小样本就取得80%以上精度的结果。

"黑盒子"

山世光的核心工作是设计 AI 的"大脑",而这受到很多外部因素的制约和影响。如果说计算机硬件的发展影响的是脑容量,大数据时代的到来影响的是大脑可以学习的知识,那么传感器的发展影响的就是它的感官灵敏度。如今,传感器的性能和精度越来越强,各种各样的传感器越来越丰富,这就意味着,AI 的"感官"越来越丰富和灵敏——而且是远超人类。以"眼睛"为例,AI 可以"看见"人完全看不到的东西,X 光、γ 射线、紫外线、红外线,它都可以"看见"。"感官"的发展会直接影响很多具体问题的解决。人脸识别系统曾经有一个一直难以解决的问题,就是人可以用图片或屏幕播放欺骗系统,后来有了红外传感器,这个问题就迎刃而解了。因为人脸会反射红外线,而纸和屏幕的反射很弱,因此,在配置了红外传感器的"眼睛"里,人和纸、屏幕是完全不同的。

人有人的优势,机器有机器的优势——这是山世光与 AI 打交道多年的感受。

除了灵敏度远超人类的"感官",AI 的计算速度和存储能力也都远非人类可比。它更大的优势还在于,人类只能生活于三维世界,而对 AI 来说,只要算力足够,多高的维度都不是问题。我们看到的一张二维图片,在机器里可以是几万维;一个电商网站的"千人千面"功能[1],后台每个用户的信息可能是几万维。

尤其是深度学习出现之后,AI 越来越成为一个"黑盒子":

---

[1] 根据用户的情况为其展示和推荐不同的商品。

人类清晰地知道自己给它设计了什么样的模型和算法，但在这些算法的代码指令输入进去之后，AI 模型的内部到底发生了什么，人类却无法想象。这让 AI 看起来像是有了我们一直期待它会具有的智慧。

AlphaGo 就是一个很好的例子。2017 年 5 月，在被称为"世纪人机大战"的比赛中，中国棋手柯洁完败 AlphaGo。一般人会觉得 AlphaGo 只是一个高性能的计算机器，但柯洁看到了一个"上帝"，他在赛后说："它超越了我对事物的认知，它就是一个类似于围棋上帝那样的东西，跟我完全不是一个维度的……真正会下围棋的人，看到它的招法就会知道，之前人类真是太高估自己的智慧了。"

山世光觉得，AI 在他面前像是"未解之谜"，"明明知道它有答案，但你就是不知道这个题该怎么解"，他和他的同行们每天的工作就是拿着探针"这探一下，那探一下；探一下，观察一下，探一下，观察一下"，从各个可能的方向和角度去找那个解。这听上去与生物学家、物理学家们的工作并无本质区别，只不过他们在与自然打交道，而山世光在与机器打交道。

未知的既包括机器里的"黑盒子"，也包括人类自身。所有的学科中，脑科学是与人工智能研究最为密切相关的——尽管 AI 可能不必或无法真正像人一样，但人类自身的智能一直是人工智能研究的参照系。山世光系统地自学了脑科学，平时与科研机构的脑科学研究者也时有交流。他与北师大研究认知神经心理学的毕彦超教授讨论了一个话题："水果"和"苹果"两个概念，在人的大脑里，"表示上有什么不同"？他在思考如何设计一个水果识别器——目前，他的同行只能做出单一品种水果的识别器——要实现这个想法，可能就需要弄清楚人脑到底是怎么识别"苹果"的，又是怎么识别所有的"水果"的。

"这是一种好奇心，为什么对人很容易，对机器来说就很难？其实，这也是对人为什么能够有这样一个能力的反思。脑科学其实也非常依赖人工智能的发展，因为，在某种意义上，我们是在对人脑进行逆向工程。我知道人脑的功能也是黑盒子，它到底是怎么实现的，对我来说这是一个非常有趣的事。"山世光说。

作为一位人工智能科学家，山世光看到了一个个"神奇"的世界：作为自然的造物，人脑以及整个人体是神奇的，几十亿年间，最原始的单细胞生物竟然进化出了一套如此精密的系统；而AI，这个最伟大的"人造物"也是神奇的，它在自然界甚至没有一个可以去类比的东西。AI当然也是一种机器，但与汽车、飞机、火箭乃至一切精密仪器相比，它是"活的"，可以自己从数据中不断学习，调整"自己的黑盒子"……

未来，AI会发展成什么样呢？它会成为像人一样甚至超过人类的存在，拥有情感和自己的意志，开始与人类争夺统治权吗？我们把这个普通人感兴趣但对人工智能科学家来说过于老生常谈的问题抛给了山世光。

他的观点与很多同行相似：人们在电影中想象的AI，目前还丝毫看不到孕育的种子，在可以预见的未来，人还会是主导者，机器以高级助理的形式存在。具体来说，他认为"人机协同"会成为主流模式，就拿修复文物来说，也许是像写作文一样，"考古学家写一段，然后人工智能写一段，之后考古学家再写下一段"。另外，人类会有越来越多的工作让渡给AI，这也是一个可以预见的现实。有的工作（高重复、高风险的）人类不愿做，有的工作（高复杂度、人脑搞不定的）人类做不了，它们都会逐渐地被 AI 接手。

但他的回答只是针对当下以及可以预见的未来，对更远的未来，他保持开放的态度。毕竟，他这些年的经验（或者说教训）就是一些我们确信不可能的事物其实是可能的，也许未来的某天"生物计算机"真的会诞生呢？只是，他很确定，这至少不是他这一代人的工作。

而他的工作，很清晰，也很具体，那就是同时做出"上书架的事"和"上货架的事"。"一方面，希望能有一些 fundamental（基础）的突破，做更大枝权上的事；另一方面，也非常努力地在做一些可以被放大出去的技术，应用到各行各业，能够帮着解决一部分社会性的问题。"山世光说。

对话山世光

谈"读心术"

杨国安：AI"读心"包括哪几个方面？

山世光：我把它分为三个层次。第一个层次叫生理层次，第二个层次叫心理层次，第三个层次是精神层次。生理层次我们可以做什么？做心率、呼吸率、眨眼率、视线方向等。

测心率，大概要十几秒的视频，如果是眨眼识别，那基本上几秒就可以了。

杨国安：原理是什么？

山世光：我先讲一下为什么 AI 能够测心率。我们的血液在身体里面有一个脉动，因此血液的流量会有一个周期性的变化，这个流量的周期性变化导致皮肤的颜色也会有周期性变化，不过非常微弱，但是因为它有规律，我们就可以利用这个规律去进行弱信号检测。

2018 年之前都是用信号处理的方法直接去找这个"周期"信号，但因为它太弱了，噪声特别重，容易出错，所以我们在 2018 年引入了深度学习，才有了比较明显的性能提升。

杨国安：心理层次呢？

山世光：心理层次，比如疲劳驾驶的检测，小孩上课过程中是不是专注，一个人在过海关的时候紧张不紧张……人除了宏观的表情，还有所谓的微表情，人受到刺激的时候，会非常自然地有一个反应，但是又会压制它，即使一出现马上就压制了它，也会出现一个非常短暂、微小的面部表情反应。我们做了一些研究工作，比如说我们要去检测一个人的面部在特定的时间里有没有出现类似嘴角的抽动、皱眉等——相当于把表情给分解了，这类技术的学术术语是面部动作单元（AU）检测，而 AU 是心理学家根据面部肌肉解剖学定义的。这类 AU 检测技术为表情和微表情的识别提供了技术基础。

再上面一个层次就是精神状况，精神状况指的是抑郁症、孤独症等。我们希望用计算机视觉的方式去做早筛。这个领域为什么需要我们，是因为现在的精神性疾病的诊断方式基本上靠主观量表。而我们希望可以通过 AI 观察的方式，形成量化的、更客观的测量手段。

我们现在在做孤独症儿童的早期筛查，我准备用 10 年左右的时间去做这件事。因为儿童孤独症真的是一个非常严重的问题。

杨国安：这些病种越早干预越好。

山世光：所以，就要做早期筛查。目前的诊断手段，按照国际上的ADOS（孤独症诊断观察表）标准，一个受过专业培训的认证医师要跟每个（疑似患病的）孩子玩45分钟，在这个过程中去做评估。这就不太可能做筛查了。所以，我们想用我们的技术来帮助筛查。我们的设计是，让孩子看5分钟左右的动画片，在这个过程中我们去观察他看的东西是什么、他喜欢看哪里、看多长时间、他关注什么不关注什么，然后去看他面部表情的变化、身体动作的变化。这里面暗藏了我们的一些范式，比如在动画片里突然插入一组信息，左边是一个小汽车在跑，右边是一个人，观察孩子是会看车还是看人，等等。我们要去收集大量的数据，寻找其中可以区分孤独症儿童和正常发育儿童的规律。我们现在已经设计了十几种不同的范式藏在动画片里，需要大量的数据来验证，到底什么样的范式对区分孤独症的和非孤独症儿童是有效的。

谈小样本学习

杨国安：刚才你讲到"读心术"，就是从一张简单的照片或一小段视频中挖掘更多的信息，我知道你对小样本学习的研究颇为深入，试图用更少的样本和数据解决算法的训练问题，能不能讲讲你在这方面的研究？

山世光：之前谈到的都是从任务的角度出发所做的研究，从人脸识别到对人的理解，甚至也在研究从人到动物的感知。其实从做研究的角度来讲，我更喜欢"往下做"，"往下做"是指在方法这个层次上，怎么能够有新的方法更好地帮助我们解决上面的任务。

回到小样本学习这个问题，就是用相对少的样本去实现跟过去大规模的样本可以媲美的结果，尝试用过去百分之一或者千分之一的数据量，逼近和原来百分之百的数据差不多的性能。

这个事为什么重要呢？比如，现在能做人脸识别了，我也可以使使劲儿做狗脸、猫脸等各种脸的识别，但这个世界上那么多动物的脸，难道每一个我们都要像人脸一样去收集数百万、数亿的照片来完成对它的识别和检测吗？这不是开玩笑，现在确实有需求，比如说猪脸识别、马脸识别，非常多的需求。从我们做算法的角度来讲，其实是很痛苦的，因为来一个动物就得做一个算法，这不是我们希望的。见一只狗就够了，干吗要见一千只狗才能认狗呢？我们现在的算法就是真的要见一千只狗，甚至一千只还不够，因为狗的种类就有几万种。所以，怎么能够让 AI 像人一样具有小样本学习的能力呢？还是要去向人求助，思考人是怎么做的。我们说"元学习"，就是授之以渔，我们希望能找到通用的方法，让 AI 能识别不同动物的脸。

但是后来我们发现，人的小样本学习能力构建在一个非常庞大的"知识底座"之上。为什么这么说呢？以小孩为例，小孩刚生下来的时候看东西是模模糊糊的，大概在三个月到半岁的时候基本上就能看清世界了，之后除了睡觉其他的时间一直在看。

这个过程里，他其实是已经见过了大量的东西，这些信息在大脑里面形成了某种地基性质的"知识底座"。

我们现在研究的是，怎么能够让我们的算法也有一个更好的"知识底座"，就像盖大楼我们要打好地基一样，我们退过来要去做这个地基。这个地基就是让算法去认识大量的图片，这些图片是没有导师信号的，我们先不要标签，给我 20 亿张人脸照片，是谁你不用告诉我，我就基于这 20 亿张照片先学一个东西出来，然后再给我一张某个人的照片，我就可以更好地去表达这个人区别于其他人的特征。这是我们现在非常看好的一个重要的思路。其实就相当于我们对不同的东西有一个共性的认识，然后再来一种东西，它还是有它的个性，我只需要把它的个性再记下来就好了。

杨国安： 需要很多数据吗？

山世光： 需要大量的数据，好在这些数据是无须导师信号的，即所谓的"无标注数据"。

杨国安： 计算机自己归纳吗？在它看过很多种动物之后，面对新出现的种类，它自己可以归纳吗？

山世光： 这要从两个角度来解释。

在心理学上有个观点是，人的认知系统有两个，系统 1、系统 2。系统 1 主要解决直觉问题，比如大多数人对一加一等于二这样的事情不需要思考，比如人脸识别是几乎不需要努力就可以的；系统 2 是建立在符号的基础上，在理性的世界里通过推理完成的。对人来说，这两个系统是非常紧地耦合在一起的，系统 2 构建在系统 1 的基础上。

其实人工智能在 1956 年起步时，最开始的方法论是符号主义的，完全靠符号推理，它确实能解决一部分问题，比如说我们要去识别文字，是可以从笔画和结构推理出来的；但是在人脸识别这样的问题上，就行不通，我们人也不是靠类似"这个人是 A 型眼、C 型嘴巴、F 型鼻子"这样的方式来识别人的，没法用这样的符号方式推理出来谁是谁，因为这是系统 1 的事，系统 1 是没办法做符号推理的。

到了今天，我个人认为，对人工智能来说，如果直接让它进入符号这套系统而没有系统 1 的支撑，很多问题还是解决不了。所谓让计算机实现系统 1 的能力，为什么现在有了一个新的机会呢？就是深度学习帮我们解决了很多系统 1 的问题，直觉的问题。特别是我刚才说的大量的数据，无监督的学习，使得我们的算法有一个感觉的基础，在感觉的基础上，再去发展理性符号，就有了全新的可能性。

杨国安：你觉得小样本学习在哪一个场景上是最好用的？

山世光：我们所有的未来的应用，不是不能够用大数据的方法去解决，而是有三个问题：第一，数据获取的金钱成本；第二，数据获取的时间成本；第三，某些类型的数据实在难以获取。比如缺陷检测就不可能获得大量数据，缺陷可能是五花八门的，层出不穷；比如对人工智能系统的攻击手段，也可能不断出现，而且出现之后很难在短期内收集到大量的数据。

更重要的是，我们希望我们的人工智能系统能够像人一样快速地去解决新问题。人为什么是智能的动物？最主要的能力，其实是我们解决新问题的能力。而现在的算法是完全不具备新问题的解决能力的。新的问题出现之后，现在的算法都是对新的问题大量地去搜集数据，用带导师信号的有标注数据才能够很好地解决。

杨国安：计算机在深度学习的过程中获得的知识，是不是有不可知的？

山世光：这是个特别好的问题。我在两三年前，就不断在表达一个观点，人有人知，机有机知。我们的机器、我们的算法现在在很多单项的任务上超过人，它一定是具备了某些知识，这些知识能够支撑它完成任务。而人在很多任务上，也有我们的一套算法或者方法。这二者之间，其实存在一个是否可互联互通、是否对齐的问题。至少现在来看，机器的知识和我们人的知识没有"对齐"，它的决策过程和我们人决策的过程可能是很不一样的。

比如说人脸识别系统，我们在做算法的过程中完全没有把眼睛、鼻子、嘴的概念给它，所以它其实是没有眼睛、鼻子、嘴的概念的。它也不需要知道这个概念，就可以完成识别不同人脸的任务。

未来，这肯定会是一个问题。在有些任务上，我们必须让机器的算法和我们人的算法对齐，这样，在它替代人的过程中，我们才能够实时干预。比如自动驾驶，如果它采用的这套机制和人完全不同，碰到它不能解决的问题时，我们人想及时切入就无法实现。

杨国安：这当中有一个问题，人对系统2的结构相对了解更多，至于直觉是怎么形成的，其实人自己的了解也相对少，我们都不知道自己的认知体系是怎样的。

山世光：我们的认知，在底层，特别是到常识这一块儿，确实是说不清楚的，也不去说，也不去把它符号化，大量的常识是没有符号化的，即所谓"只可意会不可言传"。这就是为什么我们刚才说的"知识底座"非常重要。

另外一个问题是，我们现在的系统，它不知道很多东西它不知道，所以就会出现很多非常有趣或者说非常荒谬的结果。人的自知之明很重要。所以这也是我感兴趣的另外一个话题，即怎么让我们的 AI 算法有自知之明。

杨国安：现在小样本学习的研究到什么程度了？

山世光：最近有一些结果还蛮有意思的，比如说在人脸识别上，关于人的属性分类，比如是男是女、有没有戴眼镜、有没有胡子、有没有特殊的长相等，我们最近用 2‰ 的标注数据——就是原来需要标 1000 个，我现在就标 2 个——达到了 86% 的精度，而用 1000 个数据的精度是 90% 左右。这个差距比过去缩小了很多，跟国际上最好的结果差不多。包括动物脸的识别，我们用十几个图就达到了 80% 多的精度，都是不断往前推进的。

杨国安：其实在基于大样本的规模下，是不是人工智能也有可能对人类的知识进步做一些贡献？比如孤独症，把这些特征提炼出来，提供给医学界。

山世光：这是必然的。我们期望最终能够形成新的诊断标准，AI 会成为一种新的科学实验的范式。因为当数据量大到一定程度之后，人的认知能力就跟不上了，人就搞不定了。我们的存储能力、处理能力都有限，而且每一个数据都可能是很高维度的，对人来说，只有三维以内的可以搞定。在维度很高、量又很大的情况下，人看这些数据就是一片汪洋大海，找不到其中的规律。而算法可以帮助人在汪洋大海里捞出规律性的东西。这虽然不是我的方向，但确实是一个非常重要的方向，对人来说将是一个很大的进步，很可能形成新的科学范式。

谈 AI 及其伦理

杨国安：AI 是我们的造物，而我们是自然的造物，这两种关系很不一样吗？

山世光：人作为自然的一个产物，过程很漫长，以几十亿年计；而人类发明数字计算机的历史只有几十年，当然如果往前追溯，可能更长一点，但是这个过程看起来在人类历史里面也是一个瞬间就完成的事。

杨国安：人类的造物中，除去艺术、哲学这些抽象的范畴，计算机是最伟大的造物吗？

山世光：我觉得是。虽然在物质科学领域，比如脑科学领域有很多的精密仪器，例如做脑切片，为了能够把脑切成薄到纳米尺度的小切片，有一套精密的仪器，切成的薄片还要铺到水面上以防卷起等，我们甚至很难想象它是怎么完成的，那是非常有趣而伟大的发明。但计算机是一个有数理原理支撑的造物，而且它正在以某种方式逼近人类最引以为傲的"大脑"能力，即所谓的"智慧"。

杨国安：更像是"活的"？

山世光：对，它更像一个活的东西。大多数已有发明都是静物，不具备像人一样的学习能力；而人工智能算法，已经造出了具备学习能力的"黑匣子"，甚至让人觉得不那么容易"理解"了。

杨国安：我们能通过机器读到的信息把一个人复原出来吗？

山世光：我估计到两三年后，非常多的人会有自己的虚拟形象。这个领域，也许会从所谓的虚拟偶像逐渐地走向平民化，就是每个人会造一个自己的虚拟形象，并且会跟二次元之类的文化结合在一起，成为一个文化现象。当然这只是"表面"的复原，是"形似"没法"神似"。更远一点的未来，理论上可以使之更"神似"。可能的做法是，基于对一个人的长期观察数据，例如他的微博、微信、照片、视频、文章等各类声图文记录，通过 AI 的个性化学习，使"虚拟形象"展现出这个人的"理念"和"思想"。当然，我说的不是生物学意义上的"复原"，这是两码事儿。

杨国安：你怎么看人脸识别应用中的隐私问题？

山世光：其实过去我比较技术派，但现在我确实也越来越多地觉得，伦理和隐私是我们在做人工智能时必须考虑的因素。

"隐私"关系到人工智能怎么用的问题。侵犯隐私的一定是背后的人。我个人觉得主要是监管问题，是法律法规问题。防止滥用要靠法规，同时配上必要的技术支持来做检测和保护，比如说人脸识别系统，有没有漏洞导致数据有可能被非法拷走，或者被不该看到的人看到，等等。

但是伦理、偏见、缺陷等这些主要是算法设计的问题。过去在设计人工智能算法的时候，AI 工程师们其实并没有把伦理、公平性、偏见等问题设置成 AI 算法目标函数中的一部分，就会出现数据是偏的，因此，算法学出来的结果一定是偏的，其实就反映了整个社会本身的偏见。比如对女性的歧视，对老人的歧视，对黑人的歧视，等等，看起来是数据的问题，但其实是在设计的时候没有考虑对这些偏见的处理。

其实还有一个更大的话题，叫人工智能安全，它区别于之前的网络安全和信息安全，要解决的问题是，当人工智能的算法越来越多地替代人去做决策的时候，会带来什么样的安全问题。

我们开始去关注这样的话题，包括国家也正在筹备成立人工智能算法安全的国家重点实验室。可能后面国家也会对人工智能的企业、人工智能的使用推出各种规范，包括怎么检测人工智能算法的安全性、缺陷、漏洞、后门，等等，后面这些可能会逐渐成为一个新的非常重要的研究方向。

杨国安： AI 很容易被攻击，被攻击后会犯错，也会干坏事。

山世光： AI 可能会被滥用，它的缺陷可能会被放大，在特殊的场景下可能会出严重的错误，也包括可能被攻击。现在已经有非常大的问题了。以对自动驾驶的攻击为例，有一种技术能对"停止"路牌做很小的修改，自动驾驶算法有极大的概率将其错误识别为"通行"路牌（人看上去还是"停止"路牌），可想而知，这可能会带来多么可怕的后果，其中的技术就是"对抗噪声攻击"技术。

此外，还有造假脸、造假视频、造假新闻等各种各样的 AI 造假，这也会导致视听混淆，带来严重的舆情等问题。

再有就是一些可能并非人为设计的缺陷，还是以自动驾驶为例，如果从数据的角度找原因，是因为它见过的数据不够多，很多数据它根本就没见过，没见过的情况下它的决策就可能是随机的或者错误的，例如特斯拉汽车对"白色大卡车"的错误识别就是个典型案例。机器学习其实是一个函数，有很多输入的区间这个函数没考虑过，就像我们说的没有定义，但它并不自知，反而还硬要输出一个结果，这就可能会出现严重错误。

杨国安： 如果真的有人不计犯罪成本，是不是现在我们的银行账户都是可以被破解的？

山世光： 银行账户的破解是个非常复杂的问题，主要涉及密码学等非人工智能领域的技术。如果是说破解像支付宝的人脸支付或手机的人脸解锁之类的 AI 系统，确实是存在可能性的。除了刚才说的打印照片或屏幕视频播放等方式，现在有一些 3D 打印的硅胶人脸，十分逼真，对人脸识别等系统会带来一定的风险。但大家也不用太过担心，因为现在的人脸识别系统多数都具有伪造人脸检测功能，会将这类"伪造人脸"拒之门外。

杨国安： 所以计算机在特定的时候可以很"聪明"，但是脱离了安全区域之后就会变得很愚蠢。

山世光： 就是它没有自知之明。

从某种意义上来讲，我们现在的人工智能算法是千疮百孔的，它有很多未定义的区间，在一个高维输入空间里面，可能到处都是它没见过的地方，它就会出错。这里既有法律法规的问题，又有算法上怎么应对的问题，AI 科学家们已经在这些领域展开了卓有成效的研究工作。

杨国安： 面对这些问题，AI 研究领域有什么应对方法吗？

山世光： 目前我了解到的，比如说算法易受攻击、脆弱性这些问题，基本上都是头痛医头，脚痛医脚。出来一种攻击手段，就做相应的反攻击手段，这就变成一个攻防战。

但是我觉得这其实不是人工智能科学家该去做的事，这就变成工程了。我们其实更希望能够从底层逻辑、从数理原理上去解决这个问题，例如，为什么 AI 会存在脆弱性的问题，本质上是我们设计的 AI 模型存在数学上的连续性不佳问题。另外，也可能是算法学习出来的这个函数本身有未定义区间，有漏洞，如何对 AI 算法和模型的"可信域"进行判定也是 AI 安全领域的重要研究内容。

杨国安：你怎么看人工智能未来的发展？

山世光：我觉得未来 5~10 年，人工智能方法论上会有一个大的变化，就是深度学习配合大模型基座和小样本，让计算机具有解决新问题的能力。

从数据量的角度来说，可能用现在数据量的千分之一，就可以达到同样的智能能力，也许 3~5 年就会找到办法比较好地解决这样的问题。

在应用的角度，也许智能算法安全会给人工智能的发展戴上更多的枷锁，对技术本身的边界，或者技术应用的边界，会有更清晰的约束。这种枷锁是必要的。

第十二章
用多少忆阻器，
才能搭建出一个人类大脑?

杨玉超
站在混沌的边缘

众所周知，现代电器离不开集成电路。作为集成电路最关键的元件之一，晶体管遵循着著名的"摩尔定律"，即每经过18~24个月，集成电路上可容纳的晶体管数目会增加一倍，处理器性能会随之增强。但一个残酷的未来摆在眼前，当集成密度无法再翻倍的时候，数据搬运的功耗将占主导，芯片算力提升速度会越来越慢。要突破天花板，必须找到新的芯片架构。

为了寻找更高算力的计算系统，研究者们决定向大脑"学习"，试图借鉴生物神经系统的信息处理模式或结构，构建芯片体系结构，这也是青年科学家杨玉超的研究范畴——类脑计算。

他研究的器件——忆阻器,成为突破计算性能天花板的关键。

长达 15 年的光景,杨玉超埋头研究忆阻器如何在宏观和微观层面满足神经形态器件的要求,从根本上解释了实验中观察到的所有不同的导电细丝生长模式,他和他的团队首次完成了基于忆阻器的多模态多尺度储备池计算系统,并推动了忆阻器器件"上货架"的进程,解决了目前国内集成电路的"卡脖子"技术。

他心中始终怀抱着一个愿望,如果实现忆阻器引领的类脑计算和脑机接口的连接,类脑系统便可以破译人们的想法。在那个时候,有肢体障碍的人可以借助外挂机械肢体自由行走,癫痫患者能够得到及时救治。那是人类可以触及的未来,它将由这个小小的器件开启。

"电阻"活了

这是科技史上又一个由失败开启的故事。

2008 年,23 岁的杨玉超在清华大学材料系读博士,他的一个任务是获得有更好绝缘性的材料,但他发现自己制作的样品总是会漏电,这意味着,他的研究失败了。

那一年,他始终浸泡在沮丧的情绪中。当时,课题组只有一台镀膜机器,学生们只能轮流预约。轮到杨玉超预约的那一周,他早上 6 点就起床前往实验室。仪器有些老化,需要好几个小时的启动才能进入状态,等他做完所有的步骤离开实验室时,天已经很晚了。实验室有一个储存样品的真空罐子,里面放满了他的失败样品。他一直是个"好学生",但那时,他感觉自己成了最差的学生:既花了很多时间,又浪费了资源,最后什么也没能做出来。

不管他如何调整,样品总是有漏电。除此之外,他还发现,对样品施加电压,正向和反向的"电流-电压"曲线没有重合,这是很奇怪的现象。

根据基本常识,电流流过物质时受到的阻力,电阻值,是由导体两端的电压和通过导体的电流比值来定义的(电流和电阻高低成反比)。按道理,一个材料的阻值是固定不变的,不会出现两个数值。如果出现不同的"电流-电压"曲线就意味着,这个"导体"的阻值并不是固定的。

他开始大量阅读文献,想要弄清楚这种现象背后的机制。2008年,他在文献中看到一个名为"忆阻器"的器件,发现它的特性和自己做出的失败样品的特性非常相似——从正向和反向施加电压会出现两个数值。也就是说,那些样品并不是失败的,它们表现出来的"缺陷",是另一个领域求之不得的特质。

杨玉超形容那时的感受,"相当于一下子推开了一扇门,后边有一个无比巨大的天地"。他兴冲冲地跑去和导师说了自己的新发现,并和导师商量,转变方向,研究忆阻器。

偶然的发现,成了杨玉超在新领域研究的开端。从博士三年级开始,他全力投入忆阻器及其应用的研究。

这是一个年轻的、崭新的领域。忆阻器的概念,最早源于加州大学伯克利分校的华裔科学家蔡少棠。1971年,蔡少棠提出设想:应该还存在一种组件,它的阻值会随着通过的磁通量而改变。当电荷从一个方向流过这个器件时,阻值会增加,电荷反向流过，阻值就会减小。就算电流停止，它的阻值仍然会停留在之前的值，直到接收到反向的电流才会被推回去。这让它有了可塑性和记忆：它的阻值不仅可以变化，并且在任一时刻的阻值都是时间的函数，人们可以计算出有多少电荷向前或向后经过了它，也就是说，这样的组件会"记住"之前的操作历史。

接下来的 37 年，"忆阻器"只存在于数学模型中。直到 2008 年，惠普公司的研究人员首次做出了一款存储器。它的构造非常简单：两个电极的中间夹着一层二氧化钛材料，看起来就像一块儿"三明治"。不同方向的电流经过，会让它的阻值产生变化。研究人员认为，这就是蔡少棠所说的"忆阻器"。

这一物理实现被美国《时代》（*Time*）周刊评为当年 50 项最佳发明之一，入选美国《连线》（*Wired*）年度十大科技突破。

忆阻器最初被当作一个存储器来使用，它借用了计算机里的二进制——以 0 和 1 为基数的记数系统。计算机系统中，芯片由电路组成，电路通常只有两个状态，接通与断开，这两种状态正好可以用"1"和"0"表示，使得设计芯片的逻辑电路变得简单。世界上所有的图像、声音、文字，都可以被编码成由 0 和 1 组成的序列号，被存储在系统中。

而在忆阻器单元中，一个电压击穿"三明治"中间的介质材料，使其出现低阻值、高电流的状态，并将此状态定义为"1"，再用一个反向电压，将它打回高阻值、低电流，并将这种状态定义为"0"，它就拥有了和计算机相通的系统，多个忆阻器单元拼在一起，便组成了有信息的句子。再加上忆阻器材料本身的特性——即使断电，数据也不会丢失，它就拥有了记忆，即信息存储的能力。

但杨玉超不满足于此,他想知道,忆阻器这样一个简单的器件在实现数据存储时,内部发生了什么样的变化?最直接的方法是将它切开,去观察里面究竟发生了什么。

杨玉超开始了他的实验:给一个忆阻器单元设定"1",也就是低阻值、高电流状态,再把这个单元切割开,用透射电子显微镜看看什么改变了,"这如同在大海里找一根针"。最终,他看到,显微镜下,忆阻器内部存在极其微小的导电桥,这些导电桥就像一根根金属丝,让电阻值从高变低,电流可以更自由地流通。而当数据为0时,导电桥没有出现。

杨玉超将这个发现写进自己的论文中,并在期刊 *Nano Letters* 上发表,通过实验直接证实了忆阻器实现存储功能的金属导电细丝机制。这篇文章后来被自然出版集团旗下的杂志作为科研亮点报道,又获得2009年中国真空学会博士优秀论文奖。迄今为止,这项工作共计被SCI引用763次,并入选ESI高被引论文。

但仍旧有很多问题困扰着他:导电桥是怎么动态形成的?形成的过程是什么样的?

抱着这样的疑问,他结束了在清华大学的博士生涯,于2010年前往美国密歇根大学安娜堡分校电子工程与计算机系继续深造。那里多风多雪,冬季漫长,却为科研提供了难得安静的好环境。学校里的设备是供不同院系的学生共享的,对于一些特别受欢迎的设备,杨玉超有时只能抢到在凌晨4点到早上8点这一时间段使用,天没亮就要从出租屋出发,如果前一天下了雪,他需要用一把大铲子一点点地把车子从厚雪中刨出来。

那个时刻,一天还没有真正来临,实验室四周寂静,噪声和震动很少。"一年多的时间都在做干巴巴的实验",失败感侵袭、再多一次坚持，在反反复复的拉扯中，他终于从显微镜里看到：导电桥从镜头的一端开始生长，像是一颗种子落地萌芽，慢慢长出了枝丫，又像是水体结晶，向外延伸出花纹。这其实是在电场作用下，金属原子经过电化学的氧化反应，形成离子，在材料内部移动，再经过还原反应生长出纳米尺度的导电细丝，导致电阻降低；而在施加反向刺激后，通过相反的过程电阻会重新升高，表现为导电细丝逐渐溶解，好像缩了回去，就像时空倒流，树苗回归了种子。此前在清华，他观测的是静态的导电桥，目睹的是它的存在；而现在，他看到了固体介质中，金属团簇发生了离子/原子两种状态切换下的"流动"，仿佛目睹了导电桥在时间中如何经历生与死。

"看到了这个现象，觉得一切都值了。"杨玉超说。即使已经过去多年，描述起那个场景，他依然激动不已，就好像他窥见了自然界一个深藏已久的秘密。

这是他在美国的第一项具有"国际首次"性质的工作。2012年，《自然-通讯》(*Nature Communications*) 首先报道了这一工作，《自然纳米科技》(*Nature Nanotechnology*) 赞扬该工作"extremely valuable"（极有价值）。该工作成果同样也入选了"ESI高被引论文"。

那时候，很多研究者已经转向了应用方向，但杨玉超仍然埋头在忆阻器的底层研究中，继续刨根问底，最终，他发现导电桥的演化过程和材料的性质有关，并由此总结出导电桥的四种生长模式。这也是他在密歇根大学求学期间的第二项有影响力的工作。

经由杨玉超的研究，人们对忆阻器的认知进入更开阔的空间。

新的问题出现了：这对我们有什么用？

忆阻器 = 神经突触？

20世纪初，美籍数学家冯·诺依曼提出了"冯·诺依曼体系结构"，它将计算机的存储器和运算器分开，奠定了现代计算机的基础——要计算一组数据，首先要从存储器中将数据拿出，传输到运算器中，再进行计算，好比一个人要在公司与住处之间往返，中间消耗了许多不必要的能量。"冯·诺依曼体系结构"为我们带来了功能多样的个人计算机和智能设备，提高了计算机的通用性，同时也为计算机的未来埋下了隐患：当计算机的算力超过了一定限度，能耗将是无法负担的成本。

面对瓶颈，人类决定向自然找答案——如何让"电脑"模拟人脑呢？

与存算分离的冯·诺依曼体系结构不同，人脑是高并行度的存算一体系统，避免了数据传输过程中的能量损耗。神经元是大脑神经系统的基本组成细胞，突触则是一个神经元的脉冲信号传递给另一个神经元的枢纽。人类大脑中存在约 10^{11} 个神经元以及 10^{15} 个突触，能实现庞大的存储与计算功能，但功耗只有20W。

人们渴望搭建与人脑相似的"存算一体"系统，"类脑计算"就是机器智能向生物智能发起的"模仿游戏"。对类脑芯片的研究由此开启。一部分研究者试图将存储器与处理器放在同一个芯片上，最大可能地拉近它们的距离，减少数据搬运的代价，但这仍然不是真正意义上的"类脑计算";另一部分研究者则寻找和神经元、突触属性最为贴近的材料和器件,在物理层面上直接模拟大脑。

在后者的寻找中,忆阻器成为这些材料中最受关注的一种。

这是因为,忆阻器的特质恰好和突触的特质很像。突触是神经元之间进行信息传递和交换的重要组成部分。当一个神经元接收到前一个神经元发来的脉冲信号时,会带来突触强度的变化,它随着前后神经元的发放历史而顺应改变,这种特性也叫突触可塑性。而忆阻器能够通过外在电压改变器件电阻值的特性,和"突触可塑性"异曲同工。这意味着,人们可以将忆阻器作为核心来搭建类似突触的电子器件,使其发挥和人体神经突触相近的作用,让模拟大脑成为可能。

但是,杨玉超和他的同行们不满足于此。

杨玉超和神经科学的学者有过交流,他得知,事实上,人脑总是工作在混沌的边缘,在有序与无序之间的临界点。部分神经科学家认为,正是在"混沌的边缘",人类才能获得最高效的大脑性能。

"混沌的边缘",也许是解开大脑奥秘的一把钥匙。

1952年,生理学家艾伦·霍奇金(Alan Hodgkin)和安德鲁·赫胥黎(Andrew Huxley)基于对乌贼的神经刺激电位数据总结得出"HH模型"。他们发现,一个神经元需要四个微分方程才能够描述,这意味着,大脑中的神经元至少是一个有四阶复杂性的系统。如果要让计算系统的算力向人脑靠近,就要找到这样一个器件,实现多阶复杂性,产生类似大脑的动力学。

在这一层面上,忆阻器依然是适合的。忆阻器器件外观和电阻类似，这使得它可以大规模排列，如果用交叉阵列的方式连接起忆阻器，我们就可以获得一种与人脑神经网络类似的拓扑，电路中的电压信号和生物神经元发放的脉冲信号对应，忆阻器的电导值（电阻的倒数）和人类神经突触强度对应，就能实现对神经网络的模拟。2010年，蔡（Chua）等人的实验证实，仅用一个电容、一个电感和一个忆阻器就能串联出混沌电路，电路运行也如对人脑神经网络的初级仿真，类似于神经元的脉冲信号——混沌信号出现了。

自然界中的"混沌"无处不在，它是一个在确定性系统中表现的内在随机性。混沌的发现，在20世纪的物理学界掀起了一场革命，科学家们开始探索混沌系统和它可以被应用的途径。但至今，混沌系统的复杂性还未被人们完全知晓。杨玉超告诉我们，"混沌"状态是一个复杂的黑盒子，初始变量发生小小的变化，就会形成完全不可预测的轨迹。

他与所在的课题组曾利用忆阻器生成混沌信号的特质制作了一个优化器，将单个氧化钽忆阻器阵列作为优化器的核心。他发现，一般优化器在求解的时候容易找到局部的最优解，并不理想。但加入忆阻器阵列形成混沌电路，就像给计算体系里加入了一些神经元，它们发出混沌信号，呈现出不稳定的状态，这能让系统跳出被阻挡的视野，活跃地在全局寻找最优解，让系统最终自己找到最佳答案。这一点和人脑很像。人脑最令人着迷的地方是它具有非线性的复杂性，它在动态中确定了自身要做出的反应和决定。

看起来，忆阻器将成为人类克服冯·诺依曼瓶颈、抵达类脑计算的一把重要的钥匙。"我们现在做的大规模集成电路，我给它一个信号，它就给我一个输出，没有复杂性，复杂性由人来实现，需要编程的人设计出复杂的代码，但是硬件本身是不智能的。我比较看好用忆阻器来构建一个类脑计算系统，它更像人脑，各个层级有各个层级的复杂性和适应性。"杨玉超说，"它是有'生命'的，每一个计算单元都是'生命体'。"

用类脑芯片研究人脑可能吗？

对于真正的"生命体"——人脑的计算机理，我们还有诸多未知。例如，为什么人脑在发育初期就拥有丰富的语义理解能力？梦境的来源是什么……人类对大脑尤为好奇，但脑科学至今仍是发展缓慢的学科之一。

对于这些未知，杨玉超提出了一个反其道而行之的想法：如果把类脑芯片先造出来，可能会反过来促进人类对于人脑的研究。这就像 200 多年前，人们从模仿鸟类的双翼开始，设计出机翼曲线，再一步步增进对鸟的模仿，直到 100 年后莱特兄弟的第一架有动力飞机升空，这之后，空气动力学作为理论才越来越多地得到深化和完善。科技史上不乏这样的例子：实践在理论之前。

对杨玉超来说，在获得关于人脑的系统知识之前，他要做的是对忆阻器进行各种尝试，让这枚小小的器件，离真正的类脑芯片更进一步。

他最近在做一项关于多智能体的工作。多智能体上镶嵌了成千上万个微小忆阻器单元，犹如"撒豆成兵"，当每个单元都能从混沌中找到最优解时，系统就能得到强大的计算能力。混沌中的计算，依靠的是器件自身的动力学性质。单元越多，意味着算力更大，运算更迅捷。

当然，过度的混沌也预示着失控。

"这是一个哲学问题，对吗？"当我们聊到这一点时，杨玉超说，"我们要想，我们是否有能力去驾驭它，将它拿来做计算的应用。"一个器件能够正式投入工程，为人类所用，必然是可控的，同时，也要求它不失去本身优秀的动力学特质。杨玉超正在面对这个挑战：如何调控它的反馈强度，使之可以达到两者兼具。"我们在求得两者的平衡。人类必须驾驭一个我们能够驾驭的东西，这是其中一个比较主要的命题。"

另一个值得思索的命题是，类脑计算是以机器的思维尝试无限接近模仿生物脑，但是，人脑实在是一个浩瀚的系统，我们无法掌握它的所有信息资料，而人类在做了十数年的研究工作后，也仅仅实现了忆阻器的三阶复杂性，连人脑最基本的单元"神经元"的完整功能都无法企及。

忆阻器有没有可能实现更多阶，从而实现更大的跨越？

杨玉超说，从三阶到四阶，不是"+1"那么简单，而是一个极为艰难的挑战，如果越过这个鸿沟，现有的系统算力收益是巨大的。他正站在鸿沟的一端向对岸眺望，"我知道人脑是一个非常高阶、复杂的计算系统，但我们必须得朝着这个更高的阶数迈进，这是（这项工作）本质的问题"。

距离杨玉超正式走入忆阻器及类脑计算这个领域，已经过去了14年。他说，面对人脑这座高山，自己仍只是在山脚徘徊。

他和课题组如今依然要面对每一场具体的实验失败的可能，但那种寻根究底的精神仍然在。他常鼓励学生们，科研往往是自然而然的过程，要重视日常中的偶然发现和"失败"的意义。

采访中，说起他正在做的研究工作，他的语速变快，语气昂扬，一股脑儿说了很多，又在末尾回过神："我这样说听得懂吗？我不是很会打比方……"他在屏幕那端，有些不好意思地笑了。他浑身透着一股活力，是那种常常逗人开心的导师，实验室的学生们说他是"小太阳"。在他眼里，科研是让人持续激动的一个过程，"我每天都很激动，这是做科研必备的，如果你不激动，很难坚持下来"。

他想起在密歇根大学就读期间的导师。那时，杨玉超发现有一种导电桥的生长模式与一位知名科学家的结论相冲突，但那位科学家是行业权威，没有人敢质疑他。在杨玉超不自信的时候，导师说："为什么非得水火不容呢？有没有可能，它们都是对的？"他鼓励杨玉超，面对权威要敢于"challenge"（挑战）。最终，杨玉超发现导电桥的演化过程和材料的性质有关，并由此总结出导电桥的四种生长模式。

那个片段常常在杨玉超的脑海里重现，正是这样的勇于挑战、不惧失败与敢于试错的精神，推动着他一步一步向大脑靠近。

成为脑机接口的关键元件

解决忆阻器的应用问题，是杨玉超现阶段的工作重心之一。他和团队希望他们对忆阻器的研究不仅停留在基础研究层面上，也能逐步走上"货架"。

忆阻器从实验室走向产业化，目前有两种应用方向：一是做嵌入式的存储，嵌入智能耳机、智能手表等设备；二是用忆阻器来制作人工智能芯片，支撑深度学习的算法，相比 CPU（中央处理器）、GPU 在效率上提升两三个数量级，降低它的硬件和功耗的代价。不久的将来，它可能在 AR、VR 和自动驾驶等场景落地。

但是，这两个方向只用到了忆阻器一阶的功能，距离杨玉超想要抵达的"类脑智能"还很远。在应用层面，忆阻器目前只能算是人工智能的加速器，它本身的动力学特性在应用层面还完全没有被发挥出来，未来仍有巨大的潜力可挖。"这个东西如果充分应用于计算可能是一个革命性的变化，但是，我们也不能指望一蹴而就，要有一些阶段性落地和逐步应用的办法。"

他怀抱着一个设想，将忆阻器引领的类脑计算和脑机接口（brain-computer interface，BCI）相连。脑机接口可以将人脑与机器相连，采集人类发出的神经元放电信号。如果能和类脑计算结合，类脑系统可以破解这些信号，得知这个人究竟在想什么，做到"读心"。"我们想实现脑机接口信号的解码，本质上是在破译人们的意识。"

生物智能和机器智能相结合，具有一个诱人的前景。有肢体障碍的人不会再为行动不自由所困，外挂机械肢体如果可以与大脑相连，就可以解决行动不便的问题。另外，杨玉超在和脑神经科学家交流时得知，癫痫患者在发作之前，脑内的电波会出现某些特征。脑机接口捕捉到的信号可以预判一个人是否可能癫痫发作，从而能抢在癫痫发作之前，对病人做出干预。"双脑融合"的未来并不遥远，杨玉超预想，在 5~10 年之后，两者结合的领域会发生一场大变革。

"毫无疑问，生物智能可以碾压现在的智能系统，它有极强的学习能力和通用性；但是机器智能在特定的任务上会超过人脑，它的计算频率更高。我觉得将来理想的情况是混合智能，机器智能和生物智能相辅相成。"杨玉超想象，将来，每个人或许都会像一个超级战士一样，身上加成了很多机器智能，脑子一有想法，外边的机甲就能够为你实现。这是对未来相对乐观的想象，但这种仰望和希冀，是人类向前迈进的动力。

目前，杨玉超和团队在推动忆阻器赋能应用。他觉得，未来10年，我们身上戴的、口袋揣的芯片，都是忆阻器可以发挥作用的地方。例如，让我们在拍照片时做到防抖，更为精准地监测我们的健康状态，等等。

但当我们把畅想的时间维度延长为30年，杨玉超思索了很久，摇摇头。"我们倾向于把一些问题线性化和静态化，但世界不是线性的，混沌就是一种非线性。我做的是非线性的研究，常常用非线性的视角来看。30年之后的发展是高度非线性的，就像'混沌'一样，前边一个微小的量的变动，会带来一个巨大的变化。"

杨玉超认为，30年后的世界，不会是我们现在能够想象出来的。"社会的变化常常超出我们的预期。"类脑计算一旦获得突破，忆阻器可能会催生目前并不存在的应用，从而带我们去往难以预测的地方。正是在此时，"混沌"的魅力显现出来：它提示我们广阔的可能性。

沿着这条由"失败"开启的道路，一直是"好学生"的杨玉超，正在体会"混沌"为他带来的变化。自他2015年回国开始，课题组的同学就跟着他进行忆阻器的研究。他曾想把学生都变成另一个自己，事无巨细地指导他们，让他们按照自己的模式来，但他渐渐发现，这样虽然见效快，但学生们一部分的个性、天分得不到充分发挥。

后来，他逐渐转变，给学生提供助力，让他们按最擅长的方式发展自我。他给了学生空间，"可能他们不会马上进入一个特别好的状态，这是一个需要探索的过程，但最终能够找到一个最适合自己的方式"。

这句话所描述的，是不是像前文所说的"混沌"的状态？

对话杨玉超

杨国安： 在密歇根大学的 5 年，你说是"从底层研究往上浮"，为什么这么看重本质的东西？最开始研究机理的过程对你后来的研究有怎样的帮助？

杨玉超： 那时我特别喜欢研究和探索忆阻器的机理。这个器件为什么会有阻变特性是一个比较本质的问题，如果不理解，我就不知道该往哪个方向走。那时候我就是想要把这个现象搞清楚，就这么一个比较朴素的想法。我用透射电子显微镜把导电桥的整个动态过程都还原了，看到了这样一个导电丝是怎么样长出来的，再擦除数据，看这个东西又怎么消失，像看电影一样，是真正看到的。

随着对这个器件的物理认识越来越深刻，研究就慢慢上浮了，我后面开始做应用，这是个慢慢转变的过程。现在看那个忆阻器的公式，就觉得特别合理，对它的理解很深刻。如果没有经历过这些机理的研究，被动地接受忆阻器的公式，就没什么感觉。我们那时候对原理的很多认识，对于现在做应用是特别宝贵的，这启发了我们后来很多对类脑的应用研究。

杨国安： 2015 年你回国任教，当时为什么会做出这个决定？

杨玉超： 有两个方面的原因，家庭方面是因为我父母希望我回来，也有家国情怀因素。我在美国做的研究还算不错，如果留在那里，我可能会走上另外一条道路，说不定会进一个半导体公司找一个职位，但是我总觉得那个事情有点儿平淡，我的想法可能会很多，但是受限于种种因素，根本做不了，只是在一个技术公司里给人打工。

我觉得在北大能够做的事情更好，更有意义，也能够对中国的一些核心技术发挥作用。事实证明，这个选择是明智的，现在我想做的很多事都有条件做，我很开心。

杨国安： 忆阻器的介入能为我们当下的计算系统带来哪些突破？

杨玉超： 现在，我们的计算场景、任务和数据类型，跟前些年相比发生了特别大的变化。原来我们做的数字计算比较多，现在越来越多需要刷脸，需要图像识别、语音识别。数据类型变了，数据量爆炸了，是指数级增长，这些问题使得搬运数据的问题变得特别突出。

原来的系统处理器和存储器是分开的，我要处理信息，就要把这个信息从存储器里取过来，然后在处理器计算，计算之后再给它们搬回去。我们一直在吃摩尔定律的红利，计算机性能看起来在提升，但本质来讲是工艺的提升。可能 70%、80%（的能量）功耗都花在这上面。问题变得越来越严重。

而忆阻器带来了根本性的变化。它带来的计算架构跟现在的计算系统很不一样，数据不放在芯片以外，直接放在芯片上计算（存算一体）。它的计算效率大概有三四个数量级以上的提升，能达到 1000~10000 倍。

杨国安： 对"混沌"的调控是目前需要克服的一项难题吗？

杨玉超： 人必须得驾驭一个我们能够驾驭的东西。对于一个更复杂的动力学系统，我需要办法来有效地调控它，有效地使用它。调控是其中一个难题，但也不是唯一的。比如说，在做了混沌之后，我们怎么（在忆阻器中）实现更高阶（复杂度）的挑战？复杂度上升一阶，其计算能力的收益是巨大的，不只是"+1"那么简单。这是一个非常大的挑战，我们必须得朝着这个更高的阶数去迈进。

杨国安： 类脑计算对普通个体会带来一些什么样的价值？可能会在哪些方面辅助到我们？

杨玉超： 它将来会以智能芯片的形态部署到日常的消费类电子产品中。现在很多使用了人工智能算法的地方，有了忆阻器之后都会变得更好。比如我们会用到的智能手表、耳机，都可以搭载忆阻器的芯片给我们提供更好的体验。

举个例子，咱们在强光和暗光下拍照，效果是不同的。暗光下，拍出来的照片对比度会变差，像素会变低，这是受限于输入信号的变化。对此，我们可以用一些智能算法来获得更好的体验，但是手机一旦开启算法，电量就消耗得非常快，因为运算量非常大。但有了忆阻器的智能芯片，我们就可以常开着这种智能的图像处理算法，从而拍出更好的照片，或者是说更加防抖，同时功耗更低。我们身上戴的、口袋里揣的好多芯片都是忆阻器可以发挥作用的地方。

当然，这需要制造商决定用忆阻器的智能芯片，而不是用原来的芯片。这是我们需要去推动的事情。

杨国安： 类脑计算可以通过什么样的方式和脑机接口相融合？在未来，它可以帮助哪些群体？

杨玉超： 我们最近也在思考这个问题。类脑计算，我觉得最能够发挥优势的一个地方就在于脑机接口信号的解码。像之前马斯克公司在动物身上做的探针实验，用缝纫机器人把探针缝到脑子里，再由一个采集的芯片把信号采集出来。这个信号代表什么，我们需要破译它才知道，而类脑计算是比较擅长处理这种有时间复杂度的信息的。

这项技术首先可以帮助有肢体障碍的人，这类人的脑子是正常的，但肢体有一定的残疾或者障碍，如果有一个脑机接口的外设能够理解他的想法，那么完全可以通过外挂的一些机械臂给他的生活带来便利。其次是我们最近在做的一些项目。有一些人有癫痫，癫痫在发作之前是会有些特征的，如果通过脑机接口的信号捕捉到这种特征，就可以做出预判，就可以避免或干预癫痫的发生，这就是在医学领域的应用，这种应用是非常广泛的。我非常看好这个脑机接口加类脑计算的领域，其中能做的东西非常多。

杨国安： 在你看来，"双脑融合"这个畅想离我们遥远吗？你会怎么看待机器与人的关系？

杨玉超： 我觉得将来比较理想的状态是混合智能。人脑智能是现在的智能系统无法企及的，尤其是它的通用性和学习能力。但当我们面对机器智能和生物智能都能做的任务时，机器智能通过大规模的重复、工程化的手段，就会超过人脑。因此，机器智能和生物智能可以取长补短来互补，让它们各自做擅长的事情。

如果我们真的能做出一个类脑计算机，它就可以帮助理解人脑的工作。我们观测人脑的手段有限，现在有好多脑图谱、脑磁图或者是脑机接口，但观测的能力是非常有限的。如果我们有一个实验的对象，通过类脑计算机提取它的脑内状态，看看大概是什么样的，就会帮助我们理解人脑，反过来可能也会促进脑科学的发展。

人工智能的持续发展必然要带来社会治理的讨论。如果人工智能技术持续发展下去，我们要不要提前在法律方面、政策方面做一些预案来填补这一块的空白？人工智能如果脱离控制，这是我们不想看到的局面。

杨国安：最近你在科研上最开心的一件事情是什么？

杨玉超： 科研上最近比较开心的事情是学生毕业，今年培养了三个非常优秀的学生，他们都是从我回国开始就跟着我做忆阻器研究的，也都做出了非常好的成果。刚刚过去的一周，他们都顺利地通过博士答辩毕业了。这是我最近比较开心的一件事情。

杨国安：如果描绘你所在领域 30 年后的未来，你能想象到的是一个什么样的图景？

杨玉超： 我想象不出来啊，5~10 年的话我们还可以畅想一下，10~30 年，肯定不是一个三倍的关系。我做非线性的研究，常常用非线性的视角来看（问题）。从改革开放到现在才 40 来年，发生了翻天覆地的变化，完全预期不到后面的进展。就像混沌一样，前边一个微小的量的变动，会带来一个巨大的变化，30 年之后，（这个领域）可能也会天翻地覆吧。

杨国安：你最大的梦想是什么？

杨玉超： 第一个，我希望能够探索一些问题的边界，基于我们对于类脑的认识，或者基于对忆阻器更好的运用，在认知上获得本质的提升。我想再往外突破一点，再突破一点，打破类脑智能这个领域的一些边界。第二个，可能比较理想主义，我希望能做出一些改善人们的生活或者说带来生产力的东西。

第十三章
自旋芯片，
"拯救"摩尔定律的一种可能

赵巍胜
操控电子自旋的人

  我们的生活与计算机、互联网、智能化时代有着密切的关系，背后的"功臣"是容量越来越大、速度越来越快、成本越来越低的小小的芯片。但以这几个"越来越"为追求目标的摩尔定律，自新世纪以来，面临越来越多的挑战。赵巍胜从事的自旋芯片研究被认为是"拯救"摩尔定律极有竞争力的技术方向。除此之外，自旋芯片还展示了一个更加诱人的前景：计算机一直使用的存储单元与计算单元分离的"冯·诺依曼体系结构"有可能被打破，未来的计算机可能实现"存算一体"——就像人脑一样。

人类"自我实现的预言"

我们可能早已习惯了这样的生活：坐在办公室、图书馆或咖啡厅里，对着笔记本电脑敲敲打打；每天随时拿起手机，看消息、刷视频；在家对着床头的智能音箱，问它明天天气如何……电子产品几乎成为我们身体的一部分，在日常生活中扮演着不可或缺的角色。

但如果回到20世纪50年代，看着第一台通用计算机ENIAC（电子数字积分计算机），我们如今的生活简直像是科幻小说里的场景。ENIAC是一个藏在研究机构里的庞然大物，重27吨，占地167平方米，与普通人的生活毫无关系。实现从ENIAC到如今各类便携的电子产品跨越的，正是"芯片"。

计算机及由其衍生的各种智能化产品的底层逻辑都是用0和1构建的数字化世界，因此它们最核心的单元就是用于表示0和1的元件。这个元件最初是真空管，ENIAC使用了17000多个真空管。真空管缺陷明显，个头大、易发热、寿命短、成本高，后逐渐被晶体管取代。晶体管被"集成"到一块硅片（晶圆）上，这便是我们通常所说的"芯片"。

如今，芯片的重要性我们大概都有所耳闻，提起芯片，大家可能立刻会想到"芯片之争""国之重器"这样的宏大叙事。而对赵巍胜来说，答案无比清晰——我们生活在数字化时代，而整个数字世界就是构建在芯片之上的，"没有芯片，就没有数字世界了"。

芯片自1958年被发明以来，多年里，它的发展一直遵循着摩尔定律。摩尔定律的内容很简单，即每18~24个月，相同尺寸的芯片可容纳的晶体管数量和性能都将提高一倍，而成本则降低一半。摩尔定律并不是一个科学定律，但它在数十年里却像金科玉律一般"规定"着芯片行业的发展。CPU 芯片制程[①]从 1971 年的 10 微米（10000 纳米）持续缩小，1982 年 1.5 微米（1500 纳米），1995 年 350 纳米，2001 年 130 纳米，2004 年 90 纳米，2008 年 45 纳米，2011 年 28 纳米，2015 年 14 纳米，2019 年 7 纳米……现在最新的是 5 纳米和 3 纳米。

但一个问题在新世纪出现了：摩尔定律似乎正在失效，尤其是制程发展到了 45 纳米以下后，问题越来越明显。

当芯片越缩越小的时候，遇到物理上的极限是必然的。晶体管内部用于信息存储的是电容，而当芯片缩小到一定尺度之后，电容的两个电极就会"包不住"电子，很容易发生"漏电"现象。在 45 纳米制程的时候，就开始出现这样的问题；到了 28 纳米的时候，问题更严重了，而且，28 纳米之后第一次出现了尺寸缩小但成本上升的情况。

不过，摩尔定律的成功某种意义上是人类"自我实现的预言"，它反映了人自身的追求，因此这种追求不会突然消失。"人类对计算能力和存储容量的欲望"是不会就此止步的——普通的消费者需要更好的使用体验，科技企业追求更低的成本，智能产业发展需要更高的计算能力和计算效率。

---

① 制程即半导体晶圆上所能蚀刻的最小尺度，制程越小，单位面积的晶体管数量越多，所需的制造工艺也越先进。

自旋，电子与生俱来的宝藏属性

我们就从这里开始讲述赵巍胜的故事。这位43岁的芯片研究者，现任北京航空航天大学集成电路科学与工程学院教授、费尔北京研究院院长，曾担任法国科学院终身研究员。从2004年在法国巴黎第十一大学（现并入巴黎-萨克雷大学）攻读博士学位起，他一直专注于自旋芯片的研究，而自旋芯片被认为是"拯救"摩尔定律极有竞争力的技术方向。

将赵巍胜引入自旋芯片领域的是物理学家阿尔贝·费尔。后者因1988年发现了巨磁电阻效应（GMR effect）而被视作"大容量硬盘技术之父"，同时也成为一门全新的学科——自旋电子学——的开创者之一。也因为巨磁电阻效应，费尔于2007年获得诺贝尔物理学奖（与德国物理学家彼得·格林贝格尔共享）。

赵巍胜的硕士毕业设计选了一个与大数据存储有关的题目，并由此对大数据存储以及硬盘等相关领域产生了很大兴趣。当他发现"大容量硬盘技术之父"在巴黎第十一大学任教时，便主动给费尔发了邮件，表示想到他的实验室实习。费尔同意了，赵巍胜从此便入了自旋电子的门。

"大家现在慢慢认可自旋芯片这个概念了，但在那个年代，没有人做，而且很多人觉得你做这个方向很不靠谱，太过于超前了。"近20年的时间里，赵巍胜见证了他所在的领域从人迹罕至到热闹非凡的巨大转变。

很多研究者开始相信，21世纪很可能将是"自旋"的世纪。两位自旋芯片领域的研究者这样写道："电子自旋将在21世纪对人们的生活产生巨大的影响，就像电荷在20世纪曾对人们的生活所产生的影响那样。"

在"电荷"的世纪，信息存储、传递和处理的器件，从真空管、晶体管到越来越小的芯片，都是在操控和利用电子的电荷。电荷和自旋都是电子的"内禀属性"（可以理解为"与生俱来"的属性，"质量"也是电子的内禀属性），但自旋在1925年被发现之后的大半个世纪里，只是安静地待在实验室，并未在技术和产品中实际应用。

人们发现自旋如此"有用"，是从巨磁电阻效应成功应用在大容量硬盘技术中开始的。正如诺贝尔奖委员会所总结的，巨磁电阻效应"是好奇心导致的一次发现，但其随后的应用却是革命性的"。得益于这一发现，计算机硬盘容量在同等体积的情况下获得了数十倍、数百倍的提升。而信息存储能力的大幅提升又让海量数据存储有了可能，进而让我们如今所处的互联网时代有了可能。简而言之，如果没有费尔的发现，就不会有如今的这些互联网巨头和我们依托于互联网的生活。

费尔的发现打开了一片新天地，他自己也觉得"神奇"。这片新天地的主角"自旋"，其宏观体现，其实就是磁铁所表现出的磁性。以前我们关心的只是电子带电的属性（电荷），而其实每一个电子都相当于一个极小的磁铁，因为每一个电子都能像磁铁一样产生磁矩（磁场）。自旋指的就是电子产生磁矩（磁场）的效应。

自旋状态有且只有彼此相反的两种（"自旋向上"和"自旋向下"），一般的非磁性物质之所以没有磁性，是因为其内部电子的自旋状态是随机的，两种相反自旋状态的电子数相等，自旋效应被抵消了。而磁性物质内部，总是一种自旋状态的电子多于另一种自旋状态的电子，自旋效应无法抵消，从而表现出磁性。

赵巍胜入行的时候很多人不相信自旋芯片，但这并非怀疑其价值，而是不相信它能很快实现。芯片的核心——晶体管的本质其实就是开关和放大器，因此所有具有开关和放大器功能的东西都可以发挥晶体管的作用，自旋是能扮演这个角色的——两种自旋状态可以分别代表开和关（就像计算机二进制的0和1）；而费尔发现的巨磁电阻效应就是一种放大效应，即磁场的微小改变可以带来巨大的电阻改变（当然也就意味着巨大的电流改变）。相比调控电荷，调控自旋有一个先天的优势，它的响应速度快得多，表现更稳定，能耗也低得多，这也就意味着应用自旋技术的芯片在速度、性能、能耗方面的表现都会比传统的半导体芯片好得多——这不正是摩尔定律一直以来所引导的方向吗？

以一种孤军奋战的方式学习

简单地说，赵巍胜所做的工作就是将自旋电子技术引入传统的芯片领域。

计算机一直遵循的是计算单元与存储单元分开的"冯·诺依曼体系结构"，整个信息技术领域，也可以粗略地分为两条线：一个是计算单元，一个是存储单元。芯片属于前者，而硬盘属于后者。它们最核心的区别是：前者运算快，但容量小，而且一旦断电数据就立即丢失（易失性）；后者容量大，数据在断电的情况下也可以长久保存，但速度慢。一直以来，芯片利用的是"电"，硬盘利用的是"磁"（此前只是在宏观层面上利用电与磁之间的相互转化，并不涉及在微观层面调控自旋），二者泾渭分明。赵巍胜和他的同行则是要打破这个分界线。

赵巍胜从入行起就是一个"跨界"的研究者。自旋芯片是一个典型的交叉学科，一个自旋芯片研究者可能来自大学的电子系、物理系、材料科学系，或者半导体公司的研究部门。赵巍胜是电子学出身，拿的是物理学博士学位，而如今又在集成电路学院任教。

也正因为这种交叉性，加上当时自旋芯片处于刚刚起步的阶段，赵巍胜的博士生涯孤独而又艰难。很多东西都需要自己摸索，遇到不懂的，再分学科找不同的人学习。几年时间里，他奔波于各个实验室之间，他专门去德国尤里希研究中心学过物理，去意法半导体公司学过芯片设计，去法国原子能总署学过器件建模。"在这些领域接触过所有环节的，至今可能还是只有我一个人。"赵巍胜说。

博士的最后一年，他从未在深夜两点之前离开过实验室。明明够努力了，但结果还是不行。最大的难点是，做自旋电子的人不懂芯片，做芯片的人不懂自旋电子，包括费尔教授在内的每个人都只能给出属于自己领域的一部分支持。多问几个问题之后，就没有人能帮到他了。科学研究当然都是在"创新"与"颠覆"，但在同一个领域做事与横跨几个领域做事，先不说难度的差别，单是后者催生的无依感就够让人绝望的了。连他的导师都说："我能看出你的工作量很大，（但）具体你做了什么，我们也很难搞懂。"博士阶段当然仍然是学习阶段，但赵巍胜是在以一种孤军奋战的方式学习。

单纯从结果来看，赵巍胜的努力失败了。直到博士毕业，他想做的芯片也没做出来。花了几十万欧元，现实已经不允许他再重新试验一次。于他而言，博士毕业前后是一段苦闷的时光。

赵巍胜博士毕业那年，费尔拿到了诺奖。庆祝酒会后，师生俩聊了很长时间，费尔说："你现在很难，我读博士的时候比你还难。"巨磁电阻效应最初就是费尔的博士课题，当时无果，费尔与它"死磕"了20年。

2008年，赵巍胜转到人工智能领域在法国原子能署做了一年用碳纳米管实现类脑计算的博士后研究。

但有了其他领域作为参照系，他反而重拾了信心。在他看来，相比碳纳米管、类脑计算的实现周期，"自旋（的可实现性）实在是太靠谱了"。其后，他重新回到自旋芯片领域，并留了下来。

这段拉锯式的经历并非徒劳无功，赵巍胜收获了科研路上的两大启示。他复盘当时做芯片失败的原因，认为是在最后的工艺集成环节，两个接口之间出现了几微米的误差。他后来成了一个以"较真到极致"著称的人。

"转行"的经历源于一篇当时在学术界影响很大的文献。这篇文献说，到2020年，全世界的计算机将会有60%是基于碳管的。这件事到现在都没有发生。"做科研绝对不能盲从权威"，这是赵巍胜的切身体会。

众多交叉点终于编织成了网

自旋芯片是一种通俗化的统称，顾名思义，指的是所有利用电子自旋的芯片。目前已经出现的自旋芯片的"学名"叫

MRAM（磁性随机存取存储器）。应用第一代自旋芯片的是航空航天领域，先是卫星，后来是飞机。空客 A350 飞机的飞控系统就使用了自旋芯片。

第一代 MRAM 商用的时间正是赵巍胜刚入行的那几年，而赵巍胜博士期间研制失败的芯片属于第二代，目前 MRAM 已经发展到了第三代。它们都以磁电阻效应为信息读取方法，但各自都进一步运用了新的效应实现信息写入。

传统芯片由晶体管构成，而 MRAM 基本单元包括一个晶体管与一个磁隧道结（MTJ），后者是基于隧道磁电阻（TMR）效应的一种磁性存储单元，而隧道磁电阻效应可视作巨磁电阻效应的"进化"版。第二代 MRAM 利用的自旋转移矩（STT）效应则是巨磁电阻效应的某种反过程；第三代利用的自旋轨道矩（SOT）效应又是在自旋转移矩效应基础上的某种升级（见表 13-1）。如果将整个科学的发展视作一部大书，里面充满了"草蛇灰线"。尽管每个研究者的角色各异，贡献也有大有小，但有所成就的研究者总能在其中找到属于自己的位置。

表 13-1　三代自旋芯片的发展历程（通俗版）

	商用时间	理论基础	理论之间的关系	主要应用领域
第一代 MRAM	2006 年	隧道磁电阻效应	巨磁电阻效应的"进化"版	卫星、飞机等航空航天领域
第二代 MRAM	2018 年	自旋转移矩效应	巨磁电阻效应的某种反过程	手表、汽车等民用消费品领域
第三代 MRAM	预计 2030 年大规模产业化	自旋轨道矩效应	自旋转移矩效应基础上的某种升级	预计将可以应用在手机、互联网公司数据中心等领域

赵巍胜从 2009 年回归自旋芯片领域之后，逐渐找到了自己的位置。在经历了五六年的学习（其中不乏一些失败）之后，他开始"突然自己有一些'idea'（想法）了"。

2018 年，赵巍胜因"在自旋电子集成电路设计的突出贡献"入选 IEEE Fellow（美国电气与电子工程师学会授予其成员的最高荣誉，赵巍胜是当年亚洲最年轻的入选者），IEEE 总结了他的"代表作"，其中最重要的，是自旋协同矩机制，业界将此视作自旋芯片领域的一个"breakthrough"（突破），格芯（GlobalFoundries）、英特尔等多家全球顶尖半导体公司都已将其列入自己的技术路线图——而此前，中国科学家的研究成果罕有此类先例。

业界的热烈反响意味着基于自旋协同矩机制的技术方案正成为第三代自旋芯片研制的重点路线之一。赵巍胜团队的方案仍然以第二代的自旋转移矩效应和第三代的自旋轨道矩效应为基础，但它巧妙地将二者结合起来了。在 2015 年之后的几年里，关于第三代自旋芯片最终会是什么样子，方向一直不明。国际上主要有北航的赵巍胜团队以及欧洲、日本的另外两个团队在各自探索可能的技术路线。最终，赵巍胜团队成了胜出者——2021 年，另外两个团队都放弃了原先的路线，转到了赵巍胜团队的技术路线上。

赵巍胜说，"我们要用新的物理概念来做电子器件"，这个目标需要多学科交叉的学术背景来支撑，"做器件的人都觉得这事儿干不成，做物理的人觉得这事儿干着没有意义，所以很难，非常难"。

他能够想到别人想不到的问题,相信别人不相信的思路。第一代自旋芯片用的是外加磁场,第二代采用直接注入一股电流的方式。赵巍胜的创新之处在于,他增加了第二股电流,这样就可以同时利用自旋转移矩效应和自旋轨道矩效应,二者"协同",便形成了自旋协同矩机制。

提出两股电流、"协同"机制的想法之初,自旋电子学领域的很多同行都觉得不可能实现,连他自己的博士生都说:"赵老师不靠谱。"其实,这个"创新"在传统的半导体芯片领域恰恰是再正常不过的——晶体管一直都是两股电流。后来的结果证明,赵巍胜的想法完全可行,而且非常有效——基于自旋协同矩的技术方案相比之前的自旋芯片技术,功耗降低为原来的1/25,速度提升10倍。

预言及预言之外

只有因看不到希望而被放弃的领域,没有一劳永逸不再有问题的领域。就像摩尔定律不停地在向芯片研究者提出它的要求一样,涌到研究者面前的问题也从不停止,他们永远有待解决的问题。而自旋芯片领域眼下正呈现出一片向好的局面。赵巍胜眼看着自旋芯片产业从零开始发展到如今的数亿美元,成为增长速度最快的存储芯片技术,而它的未来更是不可限量。市场上的"killer application"(杀手级应用)也越来越多,从最初的卫星、飞机到现在的手表、汽车，以及后续可能的手机[①]、数据中心等。

赵巍胜下一个阶段的研究重点有两个：第一个是解决10纳米以下制程的自旋芯片技术路径，第二个是探索如何将存储与计算融合。这是两个大问题，尤其是第二个，"可以做到退休"。

这两个目标是相关的。要打破冯·诺依曼体系结构，实现存储与计算融合，首先需要让存储芯片和计算芯片在尺寸上接近。目前，在传统的半导体芯片中，计算芯片的制程达到了5纳米、3纳米，存储芯片的制程最小只有16纳米。眼下自旋芯片最小的制程是14纳米。无论是传统存储芯片还是自旋存储芯片，10纳米以下都是业界公认的难点，而自旋芯片表现出了更大的优势。

赵巍胜及其同行的研究未来会给我们的生活带来怎样的影响？他的回答听上去略显平淡，无非是计算机的待机时间更长（使用自旋芯片的华为手表GT2待机时间已经达到了14天，比第一代多了10天，赵巍胜团队是华为在自旋芯片领域最主要的合作团队，2022年华为授予赵巍胜团队奥林巴斯先锋奖），算力和速度大幅提升。但如果细想一下其中的可能性，它的颠覆性和未来感丝毫不输于时髦的人工智能、全真互联网：如果计算机一直使用的冯·诺依曼体系结构被打破，计算机开始在同一个区域计算与存储——像人脑一样，谁知道接下来会发生什么呢。

作为一个芯片研究者，赵巍胜最关心的还是摩尔定律。他将自己和芯片领域的同行的全部工作概括为一点，那就是"让摩尔定律继续往前走"。对他和他的同行来说，一个乐观的未来很容易想象：随着人工智能的发展，人类社会进一步智能化、数字化，

[①] 他提出的自旋协同矩技术一个重要的贡献就是让自旋芯片用在手机上有了可能。

芯片必然会越来越重要，越来越成为整个社会的技术根基；这意味着芯片需要继续沿着更低的能耗、更大的容量、更快的速度这些方向发展。现有的路径令摩尔定律遭遇困境，那人们必然会寻找其他出路。既然人类按照自己的追求和行为方式写下了预言，那么摩尔定律便没那么容易消失。

赵巍胜有一个"45 岁理论"，他认为，普遍来看，科学家在 45 岁以后就很难再做出特别重要的贡献了——他距离这个临界点只剩一两年，"留给我的科研巅峰时间已经不多了"。最近几年，原先从国外进口的设备，很多不再买得到，赵巍胜和团队只能自己研发，很多精力花在了制造设备的"工程"上，原创研究慢了下来。经过这几年的努力，工程的问题"基本解决了"，顺便促进了所用设备的国产化，他接下来要回到研究的轨道上，加速前进。

访谈中，赵巍胜对我们说，2023 年他将有一篇介绍 10 纳米以下自旋芯片的技术思路的文章发表。而更远的将来，他的目标是，5 年后做到 5 纳米，10 年后做到 1 纳米。向这些目标迈进的劳作对赵巍胜来说是一件"上瘾"的事情。就像 10 纳米的问题，有一天博士生和他聊清楚了一个思路，解决了一个困扰他很久的难点，他兴奋得彻夜未眠。

有一次"头脑风暴"，赵巍胜想，计算机是否可以重新从"数字"走向"模拟"？我们无论用电荷还是自旋代表 0 和 1，其实都是一种简化，电流和自旋都有自己的数值，我们是否可以就用它本身的数值存储和处理信息呢？

关于这个问题，赵巍胜目前还只是——用他的话说——在"瞎想"。但科学某种意义上就是一项想象的事业，它严谨而理性，但同样需要科学家的想象力。

　　赵巍胜有时也会想到那个神秘的量子世界。他是一个研究如何操控电子自旋的人，但对电子的世界依然感觉十分陌生。是的，量子理论的先驱们提出了"自旋"的概念，我们发现了各种各样与自旋有关的效应，基于这些效应，我们能实实在在地制造出很多有用的产品。但是，自旋到底是怎么一回事？电子的质量、电荷与自旋之间有怎样的关系？电子所处的世界究竟是一个怎样的世界？人类仍然了解甚微。赵巍胜内心藏着一个隐秘的期待，他希望未来的某一天，会有一些"极端聪明"的头脑把这些问题弄明白。当然，这是摩尔定律之外的事了。

对话赵巍胜

中国芯片 10 年之内有希望赶超世界先进水平

杨国安： 我有一个很宏观的问题，总体判断，中国芯片技术产业在世界上大概处于什么水平？与世界级的相比还差多远？请你给我们描述一个大轮廓。

赵巍胜： 其实研究芯片的都是发达国家，发展中国家做芯片的很少，几乎没有。有两个层面：第一，芯片是真正的高科技，它的科技含量要远远超过其他各种应用技术，它的层级很高。第二，它需要大批非常高层次的人才，这也不是发展中国家能具备的。我觉得目前中国芯片技术在发展中国家肯定是排第一的，发达国家现在除了美国综合实力遥遥领先，其他国家水平差距都不大。第二梯队以韩国、法国、德国这些为代表，中国跟它们的总体差距其实不是很大。我举一个例子，像中芯国际有 14 纳米的先进工艺，而整个欧洲都没有比 14 纳米更先进的工艺。

杨国安：现在我们的主要瓶颈在哪里？

赵巍胜：一个主要的差距是咱们在设备这个领域有比较致命的问题。比如说 EUV（极紫外）光刻机，这台仪器是非常精密的，它涉及物理、化学、机械、软件、光学等全学科的布局，这真不是说我们短时间之内能搞出来的。当然我觉得 10 年之内应该还是有希望的。

像美国（AMAT/Applied Materials 公司）的刻蚀机，做了 30 年，我们的刻蚀机才做了 10 年，我们用这 10 年把他们过去 20 年的路走完了，他们还领先我们 10 年。我觉得再有 5 年我们可能也能做。他们有先发优势，我们有后发优势。"后发优势"是，我知道这个方向可行，我不用走弯路了。EUV 光刻机也是一样，EUV 光刻机是用了 20 年的时间，花了 200 亿美元……这 200 亿美元并不是说我上来就用到 EUV 光刻机上。

杨国安：可能 110 亿美元要交学费。

赵巍胜：是试了四五种路线之后，发现就是 EUV 了。现在（我们面对的）肯定是 EUV，我就可以直接往上走了，所以"后发"也有它的优点。

最近几年，我们自研设备，我们团队这些人都不是做设备出身的，现在都得做设备。我们北航也有做仪器的传统，也还行。如果买一台设备，就算再折腾，10 个月也能到手，但是研发一套设备起步就得好几年。

但是当我们把这个设备研制出来后,发现可以在上面自己定制很多功能,这也是好事。以前我们买的设备基本上是模块化,开机就这样,你能做的就是接受使用方法培训。现在我们可以在里面加点儿自己的模块,做一些不同的测试,这也是好的。当然确实使我们研究的步伐放缓了。

杨国安:反过来说,你有这么多人在做设备,对产业界也是有很大的贡献。

赵巍胜:是的,我们做两类事。一类是如果这个产业链上有缺口,我们只能自己干。另一类是只要国内有这个设备供应商,我就给它做用户,我就做小白鼠。我们支撑了好几家公司,现在国内最厉害的自旋芯片刻蚀设备公司鲁汶仪器马上上市了,我们购买了它第一台设备。当时有专家跟我都拍桌子了,说2000万你去买这么个没有验证过的设备干什么。几年之后这个专家说,当年你坚持的事情太对了。那时中科科仪也是,它一个电子显微镜用户都没有,我们就给它做小白鼠,到现在他们还说我,胆子太大了,什么都敢用。其实我们自己知道,受制于国际形势,如果这些国内设备厂商无法生存,我们的自主科研也就结束了。

自旋电子领域里最懂芯片的,芯片领域里最懂自旋的

杨国安:能不能用比较通俗的说法介绍一下你目前研究的领域和进度?

赵巍胜:我研究信息存储。信息存储有两个层面,一个是冷数据,一个是热数据。冷数据就是信息存在那儿,我就放在那儿,一天、一个月可能才用一次。冷数据现在用的核心技术叫自旋电子。

热数据是每一秒的使用都很高频，存储上依靠纯半导体技术。我现在希望把这两个学科交叉，用半导体技术跟自旋电子技术进行集成，形成一个新技术，这个技术与现在热数据相比，功耗大幅度降低——降低一个数量级，而能把冷数据的容量提升到热数据这个层面，这是我一直在做的，我们称它为自旋芯片。自旋是自旋电子，芯片是我们现在热数据的用法，把它俩结合。

杨国安： 能够跟我们介绍一下自旋协同矩机制吗？给我的感觉是你做的这个领域很新，有很多艰难的东西，你可以讲一两个例子，说说艰难在哪里，然后是怎么突破这种艰难的。

赵巍胜： 最开始是一个叫朗道的俄罗斯人提出了一种用磁场来控制自旋的理论及方法。后来IBM（国际商业机器公司）的研究人员在1996年提出了一种方法，即用一个电流来对芯片进行信息的写入。后来我就想为什么他只用一个电流呢，我用两个电流不行吗？晶体管都是用两个电流的。我一上一下，从上面来一条，从旁边来一条，从顶上、底下都可以对它进行操作，所以我叫它"自旋协同矩技术"。这个技术目前国际关注度特别高，它的功耗降低为原来的1/25，目前三星、台积电、英特尔都采用了我提出的这个方案。

我觉得这跟我过去的痛苦历程有关，我一直在讲，在做自旋电子里头我是最懂芯片的，在做芯片方面我是最懂自旋的，在世界范围内能达到我这个水平的可能没有几个。

"自旋协同矩效应"其实源自两次聊天。第一次是我跟费尔教授，最开始他反对我回国，后来他支持我了，他说："你要回国的话，要做出自己的贡献了，换一个方向，这是你要做的第一个事。"第二次,当时我去高通访问,高通相关负责人说:"你这自旋芯片不靠谱儿,你必须得给我解决一个事,这个东西能不能来做 GHz(千兆赫)的计算。我们现在手机芯片是 GHz 级的,你这个芯片现在只是最高 100M,你做不到 1GHz,我就觉得你是没有希望的。"

怎么能够把这个器件做成 GHz?就围绕这么一个问题,我后来想了一种方案是两个协同,一个最多 100MHz(兆赫),我后面给它加一个辅助,二者协同就可以做到 1GHz 了。我把想法跟高通相关负责人一讲,他觉得很好,投了很多钱跟我们合作。我直接解决了高通觉得自旋芯片不可能用在手机芯片上这一个核心的问题。高通围绕这个想法也布局了很多专利。

"芯片排在科学前面"

杨国安: 自旋芯片和同性能的传统芯片相比,肯定有能耗优势,这个优势到底有多大?另外,是不是还有一些其他优势?

赵巍胜: 能耗跟应用相关,非常相关。智能手表就非常典型,加入这个系统之后,它的待机时间提升了 4 倍。这是一个很极限的情况,大部分情况其实没有这样。

现在我们有几个重要的应用,像电表,现在电表有很多问题,其中一个是反应速度太慢,有的人很"聪明",电表需要反应一秒钟才开始存电,我就设一个方法,0.5 秒停一次,0.5 秒再加一次,实际上是用这种方法来操控电表,就不计费。电力公司希望电表在功耗降低的同时,反应速度也加快,这是一个很具体的应用。如果速度在纳秒领域,你只要用一纳秒电,我都给你记录下来,那你就没法再偷电了。

杨国安: 在未来,自旋芯片有可能取代目前市场上主流的芯片吗?

赵巍胜: 我觉得成为主流可能不一定,但是现在它大概占芯片总产值的几十分之一,以后可能大概到五分之一,百亿美元这种量级,应该是有可能的。

杨国安: 阻止它取代传统芯片的原因是什么?

赵巍胜: 芯片是很复杂的一个事。我们所谓的"芯片",大概利用了元素周期表上的七八十种材料。像汽车芯片里面用的是第三代半导体,就是宽禁带半导体;手机里用的芯片是用 3 纳米、5 纳米的硅基工艺;存储器用的是量子隧穿效应。用的材料都不一样,传统芯片本身就是很复杂的。

美国在前段时间出了个法案叫《芯片和科学法案》。这个名字就得研究清楚,"芯片"排在"科学"前面,这是美国的认识。(其实)也没有什么"传统芯片",各种芯片在各个产业之中都扮演最核心的角色。包括科学计算,你像近几年比较重要的芯片的使用是 AI 芯片。AI 芯片的使用解决了,会让很多的生物学家失业,因为有芯片了,就不需要手工劳动了,它一下就可以把那些东西预测出来。所以芯片排在科学前面,我个人认为是没有问题的。

杨国安: 你研究的自旋芯片,将来除了运用到手表等这些方面,在更长久的应用上,你有什么展望?以及它跟我们普通人的日常关系是什么样的?

赵巍胜: 我们讲整个数字领域吧,数字领域的发展,其实在过去很多年都遵循摩尔定律——每 18~24 个月,成本降低一半,晶体管的数量提高一倍,能效提高一倍。到今天数量提升一倍还有可能，成本搞不定了，能效也搞不定了。怎么继续搞呢？就得靠自旋芯片，自旋芯片我觉得可能就是后续持续提升摩尔定律的一个关键技术。

我们今天的技术只是用了电子的电荷属性，至今没有用自旋属性。自旋芯片实际上就是用电子的自旋属性来做芯片，虽然它现在还只是几十分之一的（占比）体量，但是未来随着器件尺寸越来越小，电子自旋的效应越来越明显，它必然会越来越重要。包括我们今天讲的量子计算、超导，其实它的核心都是电子自旋的调控，或者光子自旋的调控，用到的都是自旋。

杨国安： 存储跟计算打通，这个是可以一直做到退休的工作吗？还是说只是现阶段，比如说接下来 10 年或者 5 年的工作？

赵巍胜： 可以做到我退休。因为人类对数据存储的需求肯定是越来越大的，这是毫无疑问的。现在就是整个集成电路存储领域卡在 10 纳米这个领域。自旋器件具备这个潜力，如果这个做通了，我们可以做到 1 纳米甚至以下。这个工作往下可以做几十年。今天我们每个人身上可能带了 10TB 的数据量，而且这个数据量还在不断增加，所以一定要把存储芯片做到更大容量，这是为了满足人类的需求。存算一体、存算融合也是这个问题，现在数据在传输过程中的功耗，是数据真正使用时功耗的上千倍，怎么能够把它真正优化到极致，这都是人类发展历史上的难题中的难题。

杨国安： 你觉得将来芯片会发展到一个什么水平？

赵巍胜： 现在其实都是可以期待的，芯片会取代所有的东西，人工智能的核心就是芯片。以后整个信息化、互联网、人工智能、大数据、数字社会、数字教育，底层全是芯片。芯片会越来越成为我们生活的一个根基。它的发展无非就是继续发展60年的摩尔定律，能效比继续提升，存储容量越来越大，集成密度越来越大。这个在未来几十年都不会变，再发展60年不会有问题。

第十四章
在量子革命到来之前

陈宇翱
与"幽灵"共舞

  量子世界有很多奇怪的现象,有些甚至完全违反我们的直觉。比如,一个粒子可以同时既在此处又在彼处,两个远距离的粒子之间可以发生相互作用。爱因斯坦称之为"幽灵一般的超距作用",他至死都对此感到深刻的困惑与不安。他不相信真的会有这样一个世界,在这个世界里,因果律完全被打破,随机性支配着一切,"幽灵"如影随形。如今,曾让爱因斯坦困惑与不安的"幽灵"却成为量子信息科学的"撒手锏"。此刻,我们也许正处在由量子信息科学引发的技术革命的开端——未来,计算机的算力将得到极大的提升,材料科学、生物制药、化学、能源、气候治理等领域的研究方式也将发生很大变化;也许更重要的是——我们会从量子物理中得到一种对世界的全新认识与理解。

爱因斯坦的困惑

物理学家亚伯拉罕·派斯为爱因斯坦作的传记是以一个小故事开篇的。大约是 1950 年的某一天，他陪爱因斯坦从普林斯顿高等研究院往家走（他们同在高等研究院工作，爱因斯坦家离办公室不远，他喜欢每天步行回家），爱因斯坦突然停下来，转头问他："你真的相信月亮只在我们看向它的时候才存在吗？"

他们在讨论量子物理。在量子世界，粒子只有被观测的时候才"塌缩"为确定存在。如果这一效应扩展到我们熟悉的日常世界，就会出现"月亮只有在我们看向它的时候才存在"这样显得荒诞的问题。

时间过去了大半个世纪，现在的人对量子物理演变出了困惑但接受甚至崇拜的态度，所谓"遇事不决，量子力学"。

量子物理学家陈宇翱的日常生活就被这样的态度包围着——身边的亲友不时说起，"听说你们研究了'量子水'，我朋友说喝了之后腰也不疼、腿也不酸了"，搞得他哭笑不得，这些所谓的量子产品与一个量子物理学家的研究毫无关系。他开玩笑说："如果量子真的这么有效，大家应该都来中科大跟我学量子力学，既延年益寿，又掌握了科学。"

"量子"这个概念其实很简单，就是物质保持某种性质的最小能量单元，比如光的量子是"光子"，水的量子是"水分子"，电的量子是"电子"；当我们说到"量子"的时候，其实指的就是那个原子尺度的微观世界，量子物理就是微观世界的物理学（相对论和我们在中学课堂上学的牛顿经典力学则都是宏观世界的物理学）。某种意义上，我们可以将量子世界视作不同于我们生活于其中的日常世界的"另一个世界",这两个世界都是真实的,但它们非常不同。关于月亮的问题,按照陈宇翱的理解,"观测"指的是宇宙中存在任何哪怕一点点关于那个对象的信息,这样的信息只要存在,就意味着它被观测了,也就意味着不再会显现量子效应——量子世界的确是一个很让人捉摸不透的世界,其神奇和怪诞远超我们的想象。

在量子世界,一个粒子可以同时既在此处又在彼处(量子叠加态),相隔甚远的两个粒子之间可以发生"纠缠"(量子纠缠)——A 发生变化,B 也同步发生变化,似乎它们可以互相通风报信——粒子间的这种远距离的相互作用在爱因斯坦的眼中诡异得"如幽灵一般"。

然而,这幽灵一般的特征,却成为量子信息科学的"撒手锏"。

量子信息科学是一门发端于 20 世纪 80 年代并在 2000 年前后开始迅速发展的新兴学科,也是量子物理的"嫡系"应用学科,它是依托于物理的量子效应存在理念而建立的信息科学,而其发展又深化了量子力学基本原理的内涵。

事实上,量子信息科学最初诞生不是为了应用,而是为了回应爱因斯坦当年的困惑。

爱因斯坦不相信真的会有这样一个世界,在这个世界里,因果律完全被打破,随机性支配着一切,"幽灵"如影随形。但他的后辈们用实验一次次地证明,他错了。

验证爱因斯坦的质疑的第一步,也是核心一步,就是要人为制造量子态。量子态是极为脆弱的状态,稍有一点点的干扰,它就会"塌缩"为一个确定的存在,就像我们的日常世界一样。

但科学家们很快发现,通过人为制造量子态,除了回应爱因斯坦的困惑,还可以有很多实际的用处。量子技术潜力巨大,可能的用处包括:量子计算、量子通信、量子精密测量、量子传感器、量子模拟,等等。

我们现在也许正处在新一轮量子革命的开端,未来,随着量子信息科技的突破,计算机的算力将得到极大的提升,材料科学、生物制药、化学、能源、气候治理等领域的研究方式也将发生很大改变并受益于此。

在这一席卷全球科学界的革命浪潮中,陈宇翱正是其中一名走在最前列的研究者。

"幽灵"的用处

陈宇翱长期从事量子物理基础实验研究,研究方向包括:多光子纠缠的制备、操纵及应用,冷原子操纵,量子通信等,他主持和参与的研究成果两次入选欧洲物理学会"年度物理学亮点",两次入选美国物理学会"年度物理学重大事件",七次入选两院院士评选的"年度中国科技十大进展新闻"。他本人也曾获欧洲物理学会菲涅尔奖、中国科学院"青年科学家奖"、求是杰出青年学者奖、国家自然科学一等奖(第三完成人),以及科学探索奖等。

由于量子如此神秘又尽人皆知,多年来,陈宇翱经常面临的一个问题就是:"量子"究竟有没有用?

"它有用,但并不能立刻见效。"陈宇翱在面向公众的演讲中如此概括。说它有用,是因为未来它很可能在我们的社会和生活中引发革命性的影响。但同时,陈宇翱及其同行的研究成果大多还处在实验室阶段,离进入我们的日常生活还有不小的距离。

当然,这是从狭义的角度。如果我们从广义的范畴来谈量子物理的应用,其实,我们的生活早已被它深刻地影响了。

比如,如果没有量子力学的发现,我们根本无法理解"半导体"这种物质形态,也就不会有晶体管、芯片和计算机的出现。此外,我们使用的激光笔、生物学家使用的电子显微镜,我们在医院体检时使用的磁共振成像技术,被誉为"新材料之王"的石墨烯……都与量子力学有关。

量子信息科学与此前这些得益于量子力学的领域的区别在于,后者都只利用了量子的"集体效应",并不涉及对单个粒子的操控,操控单个粒子是从量子信息科学开始的。陈宇翱做了一个类比,这有些像孟德尔所开创的遗传学领域,以前遗传学家们操控动植物演化的方式是"杂交",这里面当然涉及基因科学,但它只是利用基因的规律,并不涉及对基因本身的修改,而后来出现的基因编辑技术则开始对基因本身进行修改——这些量子信息科学家的角色就相当于基因编辑研究者。

"量子"到底有什么用呢?陈宇翱和他的量子信息科学同行们的工作又会将我们引向何方呢?

技术本质上是连接可利用的资源和人类需求的桥梁,量子技术也不例外,它连接的量子世界最核心的"资源",就是让爱因斯坦困惑的"幽灵"——单个量子所表现出的叠加态,以及叠加态在多个量子之间表现出的纠缠效应。

在微观世界,粒子是以概率的形式存在的。如前文所述,在量子世界，一个粒子可以同时既在此处又在彼处（量子叠加态），只有当它被观测的时候，它才"塌缩"为一个确定的存在。相隔甚远的两个粒子之间可以发生"纠缠"（量子纠缠）——A发生变化，B也同步发生变化，似乎它们可以互相通风报信。

陈宇翱喜欢用孙悟空打比方。在量子世界，每一个粒子都相当于一个孙悟空，因为它也像孙悟空一样有分身。不过区别在于，孙悟空的分身不会在被"观测"的一刻消失，而粒子们会。

这种状态有极大的利用价值，它在计算机的二进制体系中天然地可以提供更大的存储和计算能力。经典计算机的每个比特只有0和1两种，一个比特只可以存储一个二进制位信息；而量子计算机的量子比特可以处于0和1的叠加态，两个比特可以存储四个二进制位信息——因为量子叠加态的存在，量子计算机的存储和计算能力相比经典计算机是呈指数级增长的，而超强的算力可能带来很多革命性的变化。

首先便是密码体系。密码的安全性靠的是让破解所需的时间足够漫长，目前最常用的，也是最安全的加密算法之一——RSA算法，按照常用的2048位密钥长度，用经典计算机[1]破解它，需要数十亿年的时间，而一旦通用型的量子计算机建成，这套构建于经典计算机之上的安全体系将瞬间瓦解，被破解需要的用时从几十亿年变为几分钟。

也许更重要的是，量子信息科学很可能将深刻地改变生物、化学、制药、能源、食品生产等很多领域。量子计算机超强的

---

[1] 经典计算机即目前我们使用的"传统"计算机，信息科学领域喜欢这么使用"经典"一词，比如，目前的加密体系也可称为经典加密体系。

算力，加上量子模拟——用量子力学的基本规律来构建模拟系统的技术方向，使得深入了解物质世界的"底部"，了解分子间的作用方式都变得更容易，这意味着我们可能研制出目前不可能研制的新药，制造出目前不可能制造的新材料，获得阻止气候变暖和治理空气污染的新方法，发现对环境更为友好的能源利用方式、更高效的食物生产方式……

简而言之，量子物理有着巨大的潜力，一方面，它诡异、怪诞到几乎完全违反我们的直觉；但另一方面，它又是最"真实"的——因为，我们所熟悉的物质世界，在"底部"恰恰就是以量子物理的方式运作的。

矛与盾

某种意义上，陈宇翱可能就是中国量子发展的一个小缩影。

他有着天才式的传奇故事：中学阶段他是物理"高手"，高三拿到第29届国际奥林匹克竞赛金牌，取得总分第一、实验第一的成绩——在他之前，还从没有中国学生在实验上表现得如此亮眼。他考入中国科学技术大学少年班学院之后（他就读的是参照少年班模式设置的"零零班"，与"少年班"在一个学院，但不是"少年班"，他入学时的年龄也只比同龄人略小），有一段时间他感到很迷茫，觉得失去了方向。他一直喜欢的物理似乎"就那样了"——他感觉自己所有的物理题都会解了，已经"站在了世界的最高峰"。

是量子的世界拓展了他对物理的认识，而将他引入量子世界的则是潘建伟。那是大三上学期,陈宇翱想换导师,他的一位在中国科技大学工作的高中师兄将潘建伟介绍给了他。当时,刚过而立之年的潘建伟还在维也纳做博士后研究,中国科学技术大学也是他的母校,他正打算回母校组建量子实验室。建量子实验室是潘建伟很早就有的梦想。后来一个广为流传的故事是,潘建伟在奥地利因斯布鲁克大学读博的时候,与导师安东·塞林格(量子信息科学的主要开创者之一,2022年诺贝尔物理学奖得主)第一次见面,安东·塞林格问他将来的梦想是什么,潘建伟回答他的导师,他的梦想是"在中国建一个像您的实验室这样的世界领先的量子光学实验室"。

那个夜晚,即将创建自己的量子实验室的年轻科学家与陈宇翱聊了三四个小时,从晚饭后一直聊到学生寝室快关门。陈宇翱感觉与这个即将成为他导师的人"谈得很投机"。潘建伟很真诚地与陈宇翱分享自己"年轻时候的故事",在谈及自己的梦想时也很真诚:这个事情他一个人肯定是完不成的,"需要几代人的努力"。陈宇翱觉得"挺有意思",而且,他那一学期也正在学量子力学,他意识到:"居然还有我不懂的东西。"就这样,他加入了潘建伟筹备中的实验室,并成为潘建伟回国后的第一个学生。

作为"潘之队"的第一位成员,陈宇翱见证了团队从0到1的发展历程,而"潘之队"的发展历程也几乎是中国量子技术发展的过程。"潘之队"是中国的量子技术开拓者,用不到10年的时间就将中国在量子通信领域的地位由"不起眼"发展为"世界劲旅"。

2017年9月29日,由中国建造的世界首条量子保密通信干线"京沪干线"正式开通。陈宇翱是该项目的总工程师。这可能是陈宇翱的工作中最"贴近"普通人的一项。

"京沪干线"开通当天，中国科学院院长白春礼与安东·塞林格进行了一次视频通话，这次通话使用了基于"京沪干线"和"墨子号"科学实验卫星的量子通信技术，在相隔甚远的洲际之间使用这项技术，这在世界范围尚属首次。

量子通信并不是我们通常意义上的"通信"，它是一种加密技术。这两位分别位于亚洲和欧洲的科学家在视频通话的时候，传递他们通话内容的仍然是传统的网络，但有了量子技术的加持，他们的通话内容是"无条件安全"的，即在攻击者拥有无限计算资源和计算时间的情况下也无法破解被加密的信息。也就是说，这些内容完全不可能被其他人窃听，而这在量子通信技术出现之前是不可能的。

"京沪干线"提供的其实就是密钥分发服务。如果把通信比作邮寄一个锁起来的箱子（假设箱子本身不会被破坏），那么加密通信就是在邮寄箱子的同时附上一把钥匙。现在，邮寄"箱子"依然用原来的方式，但"钥匙"使用光子作为载体，如果它在运输过程中遭遇偷窃，则意味着光子的状态瞬间被观测改变了，信息传输双方会立刻发觉，这时，发送信息的一方只需再重新发送一把新的"钥匙"即可。

量子通信的发展像是一个矛与盾的故事：正是量子计算的发展给经典的加密方式带来了危机，而量子加密技术又为这个危机提供了解决的方案。陈宇翱预测，二三十年后，量子加密技术很可能成为主流加密方式——因为那时真正"实用"的量子计算机可能就出现了。

此刻，正是矛与盾同步在发展的一个时间点。目前，量子计算机还只是实验室里的模型机,能操纵的量子比特数量有限,且很容易出错,几乎无法发挥任何真正的作用,但中国、美国、欧洲等世界各地的科学家们都在为研制出真正意义上的量子计算机而努力和竞争着,业界的共识是:"实用"乃至通用型的量子计算机的出现只是时间问题。量子计算机的出现,使得现有的通信安全体系土崩瓦解,这是一个几乎必将到来的危机。因此,这些在为量子计算机而竞争着的国家也同步地发展着量子通信技术。大家都需要未雨绸缪。

制造"薛定谔的猫"

在量子世界,单个粒子有叠加态,反映到多个粒子上就是量子纠缠。"京沪干线"用到的是量子叠加态,陈宇翱的工作中还包括更基础的研究,比如多光子纠缠的制备、操纵及应用。简单地说,就是用光子人为制造量子纠缠现象,并利用这种现象。量子信息科学最核心、最基本的工作就是人为制造量子态,多光子纠缠是其中的一种。陈宇翱的同事,潘建伟团队的另一位青年科学家陆朝阳有一个形象的比方——制造多光子纠缠态像是在制造航空母舰,量子计算、量子通信、量子精密测量这些量子技术都要在这艘航空母舰上施展拳脚。

制备量子纠缠的工作,物理学家们也喜欢称为实现"薛定谔猫态"。这一名称源自物理学家薛定谔提出的一个著名的思想实验。在 20 世纪二三十年代量子力学开始大发展的时期,薛定谔是年轻一代物理学家中少数站在爱因斯坦一边的——他也像爱因斯坦一样,质疑量子力学的完备性。

薛定谔提出了一个假想实验:假想一个密闭盒子里装着一只猫、一个放射性原子、一个探测器和一瓶连着锤子的毒气,如果探测器探测到原子发生衰变,锤子就会被自动释放,从而砸碎瓶子;瓶子中的毒气被放出,猫会被毒死。根据量子力学,在被观测之前,原子处于衰变和未衰变的叠加态,直到被观测的那一刻,它才"塌缩"为一个确定的状态。那么,由此推断出的结果是,盒子里的猫在未被观测的时候,也是处于既生又死的叠加态。

就像爱因斯坦想通过量子纠缠现象的不可能来说明量子物理还有漏洞一样,薛定谔原本也是想通过猫既生又死的不可能来说明量子物理还有漏洞,有意思的是,现在"薛定谔的猫"反而成了量子纠缠这一"幽灵"现象的昵称。

操纵光子是潘建伟的"老本行",他和他的团队就从这个他最擅长的方向开始。量子实验室成立后,陈宇翱和实验室的其他成员一起花两年时间建成了世界上第一个多光子纠缠装置。2004年,陈宇翱还在读硕士,这一年潘建伟团队在国际上首次实现了五光子纠缠的制备,陈宇翱是参与者。后来,潘建伟团队在多光子纠缠制备领域一直保持着国际领先,陈宇翱作为主要参与者之一,亲身见证着所在团队的发展:2007年,六光子纠缠;2012年,八光子纠缠;2016年,十光子纠缠……最新的是十二光子纠缠。凭借着多光子纠缠干涉度量的研究成果,陈宇翱获得了2015年度国家自然科学一等奖(第三完成人)。

陈宇翱自称"爱动手胜过爱思考",他的工作正适合他。制备多光子纠缠本质上是一个很需要"动手"能力的工作。由于量子态是只在微观世界才有的状态,一旦回到我们所熟悉的世界,量子世界的一切特征就都"湮灭"了,所以要想成功地人为制造量子态,需要通过各种巧思,细致而耐心地与这种脆弱性战斗——与"幽灵"共舞。

"幽灵"带来了许多意想不到的应用方向:量子计算、量子通信、量子模拟、量子精密测量、量子传感器等。然而,实现这些应用又有很多不同的"候选"技术,也就是不同的人为制造量子态的方法:多光子纠缠、超导、冷原子操纵、NV 色心[①]、离子阱……陈宇翱主攻的除了多光子纠缠,还有冷原子操纵。多光子纠缠主要用于量子计算和量子通信,而冷原子操纵主要用于量子模拟。

冷原子操纵可能是一项更早被实际应用的技术。它的潜力将体现在材料科学、化学、生物制药等领域。2004 年的诺贝尔物理学奖得主弗兰克·维尔切克认为,100 年后,量子模拟将成为材料科学、化学、生物等领域的主流研究方式。陈宇翱更乐观一些,他相信 30 年后量子模拟在这些领域就会成为"比较主流"的研究方式,而 10 年后就会出现一些实际的应用。

量子模拟将是一种全新的研究方式,其本质就是通过人为制造量子态,模拟量子世界所发生的事情。目前,材料科学、化学、生物制药这些学科的研究方式更依靠研究者自身的"手艺",他们很多时候像厨师一样,能给出的只是"盐少许"之类的经验表述,而量子模拟则可以从底层给出精确得多的结果,进而彻底改变这些学科的发展走向。

---

① NV 色心,英文 nitrogen-vacancy center,是金刚石中的一种光点缺陷。——编者注

而"冷原子操纵",顾名思义,就是通过激光、蒸发等方式让原子冷下来,然后操纵它。一旦原子的温度足够低——目前,陈宇翱的实验室能让原子的温度降到比绝对零度(即理论意义上物质所能达到的最低温度)高 0.000000001K(我们日常生活中的 0℃为 273.15K)——它们就会安静下来。这个时候,一个全新的物质状态就出现了。

这种状态就是玻色–爱因斯坦凝聚(BEC)。玻色–爱因斯坦凝聚是由印度物理学家萨特延德拉·纳特·玻色(Satyendra Nath Bose)与爱因斯坦在 20 世纪 20 年代所预测的一种物理现象,70 年后,科学家首次在实验室中证实了它的存在。当原子的温度低到接近绝对零度的时候,它们就会"变胖",然后原子与原子之间变得"你中有我,我中有你,区分不出你我了",它们成了一些"全同"粒子。

"变胖"是一个形象的比喻,用更专业的说法是当原子实现玻色–爱因斯坦凝聚之后,它就开始呈现出波动性和量子态。陈宇翱的工作就是由此开始的。通过操纵这些"冷原子",他和他的团队可以做很多"模拟"的工作。这就像飞机制造业中广泛使用的"风洞"技术。风洞是一种人工制造气流的管道,可以模拟出飞机在飞行中实际所处的环境,有了它,飞机就不需要通过真实的飞行进行测试,只需通过风洞模拟测试就可以了。冷原子操纵也为包括物理自身在内的很多科学领域提供了这样一个"风洞"。

目前,电子运动的经典解释是 Hubbard 模型,它在高温超导、磁性材料等领域都有重要的应用——陈宇翱称它为"美妙的方程式"——但它面临一个很大的瓶颈,要想通过这个模型得到精确的解，需要的计算资源是完全不可能的。要计算 300 个电子的运动情况，需要的存储是 2^{300} 比特，这是一个比宇宙中所有的原子总数还大的数目。而"变胖"的冷原子可以成为模拟电子的工具。只要将冷原子放到与电子所处的环境相同的环境里，就可以通过操纵、观察、测量原子的行为和运动数据去了解电子的运动——电子比原子小得多，而且运动也快得多，因此做不到像冷原子这样以单个粒子的形式被操纵，也很难像冷原子这样被观测。

陈宇翱打了个比方，冷下来的原子就像电影慢镜头，而他和他的同行要在慢镜头下，"通过研究原子的运动来理解宇宙"。

理解宇宙

在"幽灵"世界展开的日常工作有如拆盲盒一般的乐趣——在实验过程中，经常会出现做实验之前"根本无法想象的事情"。陈宇翱很享受在实验室里"跟小朋友们一起做研究"，这位量子物理学家有些像漫游奇境的爱丽丝，他的那个摆着硕大机器的杂乱的实验室就是他的"兔子洞"。他每天通过这些机器所观察和与之"互动"的，是一个与我们日常世界迥异的世界。

"量子物理最大的吸引力在于，你能够对事物的本源进行全新的认知。"陈宇翱说。从这个意义上讲，量子物理可以说被严重地低估了，因为它几乎是一种全新的理解宇宙的方式。这也是卓越的物理学家、发现狭义相对论和广义相对论的天才，在其后半生中一直对这门学科耿耿于怀的深层原因：难道量子世界真的如它向人类所展示的那样,"因果律"完全被打破,随机性支配着一切?

爱因斯坦是量子物理早期的开创者之一,但在20世纪20年代后期,以尼尔斯·玻尔为代表的一批年轻人成为量子物理的"主角",爱因斯坦在量子物理学界的形象逐渐演变为固执、保守的老古董,他关于宇宙和自然本性的思考被很多后辈认为是多余的,其中甚至涌动着"闭嘴,算去吧!"的后浪宣言。后来,量子物理的发展某种意义上都得益于这种"实用主义"。

整个量子信息科学也在用一次次的实验回应着20世纪最伟大的物理学家:你错了,"另一个世界"的确存在,它充满随机性,如"幽灵"一般如影随形,而这个"幽灵",正在被人类实实在在地应用。

但我们仍然不能据此而妄自宣称,我们已经超越了爱因斯坦。时至今日,量子信息科学研究者依然会谦卑而坦诚地告诉你,关于量子物理,他们还没有"搞明白"。抓住它的特质加以利用,人们已在路上;但要真正理解它,还有很长的路要走——就像理解人本身一样。

访谈中,我们问陈宇翱,他的梦想是什么。他回答,一直以来,梦想都没有变过:"有一天,我手中操纵着上万个原子,并且每一个都能按照我的意志和想法排列。"到那时候,他和他的同行们所要实现的量子技术——复杂的量子计算、量子模拟——就都可以实现了。

他的梦想与理查德·费曼——量子计算和量子模拟概念的最早提出者——曾经的设想如出一辙。

1959年12月,费曼发表了题为"底下的空间还大得很"

（*There's Plenty of Room at the Bottom*）的著名演讲，演讲中，他提出并阐释了一个后来给科学家和工程师们很大启发的观点：在物质世界的"底部"——那个原子尺度的世界，我们将大有可为。费曼说，不需要等到未来出现新的理论，就用目前已有的科学理论，我们就可以"按照我们想要的方式去排列原子"。而这意味着，人类在现有的科学和技术基础上，多了一个潜力巨大的"扩展接口"。通过这一"接口"，人类认识世界和利用自然的能力都将进入一个新的阶段。而此时此刻的我们，尚无法想象。

对话陈宇翱——进入ChatGPT时代，量子信息科学将发挥重要作用

杨国安：我先问一个最基本的问题，原子、光子、量子这三个有什么关系？

陈宇翱："量子"最早被提出来，实际上指的是一种现象。比如说日光灯，一秒钟发出10^{19}左右个光子，正常情况下，测量出的它的功率肯定是连续的，但当它被人为地衰减之后，功率就变得不再连续，而是呈现出单个光子的能量的整数倍。它的最低能量是一个光子，不可能有比单个光子更小的能量。电子也一样，带电的电荷有个最小的值，它不是连续的。从量子力学的角度来说，反而是这些不连续才是真实存在的，而（日常生活中的）连续是不连续的近似。量子在各个领域里面的表现都跟

人的直觉是相反的。①

原子、电子、光子，还有分子，这些都是量子的表现形态，即物理实现（physical implement）。量子是能量的最小携带者，所有的能量都不是连续的，当能量衰减到最低（程度）的时候，它一定是由某种意义上的量子去携带的，不可能再接着往下分。一些"民科"攻击我们说，量子力学违背了物质无限可分。其实并不违背，分子当然可分，但保持物质的化学性质的最小单位就是分子，它在分开之后，就不再是分子了。无论哪个领域，包括生物，追本溯源，考虑到单个分子的时候，你自然而然必须得考虑它的量子性质。

杨国安： 量子计算跟传统的计算最主要的差别是什么？

陈宇翱： 一些人无限制地夸大量子计算的作用，这是最大的误区。市场上你要是听到有人说量子计算解决了一个有用的实际性问题，那他一定是骗子。为什么呢？因为目前正式发表的文章、报道的所能操控的量子，最多就是66个比特，这个成果是我们团队做的，它所实现的只是在采样问题上，在一个人为制造出来的数学问题上展现了比超算还快的能力，但这个问题没有任何实际作用。ChatGPT出现后，有人悲观地说，它

---

① "连续"和"离散"是统计学中的概念，陈宇翱所说的"不连续"也就是"离散"。我们可以用楼梯和斜坡打个比方，楼梯是一个台阶一个台阶的，是"不连续"的，因为我们只能说第1个台阶、第2个台阶，而没法说第1.2个台阶或者第1.63个台阶；而斜坡则不然，我们可以站在斜坡上的任何一点。日常生活中的"连续"之所以是近似的，是因为我们看它像"连续的"，但我们知道，它在最底层是"不连续"的，这就好比我们说一个物体是圆形的，其实也只是一种近似，当你用显微镜观察这个圆形物体时，一定可以发现它的边缘有很多不规则的凸起。

打开了人类终结的大门。我还是建议，在量子计算出来前，你不用担心这个事情。不结合量子计算，真正的智慧肯定发展不出来。

杨国安： 未来它能解决什么问题？

陈宇翱： 复杂度指数级上升的问题，它是有望解决的，比如说大数分解，或者说线性方程组。比如天气预报，所需要的计算能力是解线性方程组，它是一个指数增长的过程。密码也是一个指数增长的过程。量子计算有望解决这一类问题。比如说 13 乘以 17，你算一下，估计大概五秒钟就能算出来。但随便告诉你一个数，问你它等于哪两个数字乘起来，（计算它）所花的时间一定要比（计算）13 乘以 17 要长。当数字大到 1000 位数字长度的时候，用目前的电脑计算需要 15 万年，但量子计算机可能只要一秒钟。不过，量子通信也好，量子计算也好，目前看来都不可能取代传统的（通信和计算）方式，它肯定是一个互补的状态。

杨国安： 量子计算，跟你的研究的关系是什么？

陈宇翱： 我做的是费曼最早提出来的这一套，实际上是量子模拟，叫超冷原子模拟，它是一个专用的量子计算的过程，不是通用的。我们还是坚信在未来，比如说 10 年的尺度上，通用的量子计算做不出来。为什么？因为计算，就一定要确保它不会错，就一定要能纠错。而要保护一个（用于计算的）比特，需要 1000 个以上的比特。1000 位的大数分解，至少需要 10 亿个量子比特才能够做，我们现在只能操控 66 个。量子模拟这一块，是不用考虑纠错的。未来十年，我们相信量子模拟一定会有实际的应用出来,可能是材料,也可能是化学。①

杨国安: 模拟的应用跟谷歌那一类的量子计算不太一样?谷歌那个可能是补充 GPU 的路,你现在是模拟探索其他的一些科学领域。

陈宇翱: 对,不太一样。我们相当于直接(通过冷原子)看电子的动力学演化过程。我设计了一个同样的环境对一些数据进行观察和测量,去理解这个过程。还有,比如说,我们人工的能量转化远远比不过大自然的能量转化的效率,那么,大自然是如何进行能量转化的?量子模拟研究的是类似于这样的事情。我们引用弗兰克·维尔切克的一个讲法,他相信 100 年后量子模拟会成为研究材料、化学,包括生物的主流方式。

杨国安: 我们现在做的量子通信,在全球大概属于一个什么样的位置?

陈宇翱: 肯定是领先的。

杨国安: 量子通信领域在之后 20 年你感觉会发展到什么样的程度?

陈宇翱: 从通信的角度来讲,"quantum secure every bit"(量子保护每个比特),所有的互联网数据,可能都是由量子密钥来加密的。那个时候,量子计算机可能已经可以预见出现的具体时间了,那种情况下,现有的密码体系肯定要被换掉。20 年后,我觉得量子通信在全球的密钥体系里,可能不是唯一起作用的,但一定会起主要作用。

---

① 量子模拟相当于制备量子态去模拟自然界的真实现象,而自然在"底部"本身就是量子化的,因此量子模拟只需要粒子遵从其本性行动就可以了,所以无须"纠错"。但量子计算则不然,计算是人类强加给粒子的"任务",要让其量子态服务于人的计算目的,就需要让粒子在发挥量子态优势的同时,克服它固有的脆弱性。打个比方,量子模拟像是记录下"幽灵"的状态,而量子计算则是指挥"幽灵",实现难度和成本自然是大大增加了。

杨国安：如果时间放到未来 30 年，然后领域扩展到整个量子信息科学呢？

陈宇翱：一方面，量子模拟肯定会是一个比较主流的手段，不管材料也好，化学也好，（量子模拟到那个时候）已经可以为我们提供很多帮助。通用的量子计算，比如说解 Shor 算法[①]的量子计算机，我觉得 30 年还不一定能造出来，但是它一定还有其他的作用。有硬件了之后，肯定能够针对它这么强大的计算能力，设计出一些有用的算法来。我觉得可能是超算、量子模拟和量子计算三者互相结合，尤其像现在的 ChatGPT 时代、大数据时代，（量子信息科学）肯定会发挥更大的作用。

杨国安：大概什么时候真的能够应用到？

陈宇翱：5~10 年，一些真实问题的应用，肯定会有。

杨国安：你觉得会在中国还是美国？

陈宇翱：我们肯定是希望在中国。美国主要研究超导体系，欧洲主要研究光的体系，中国是目前唯一一个在两个体系里面实现了量子计算优越性的国家。

---

① Shor 算法即秀尔算法，因数学家彼得·秀尔得名，是针对整数分解与离散对数这两类问题的算法。——编者注

第十五章
我们也许都将在数字世界里得到"永生"

周昆
通往"数实共生"之路

　　计算机图形学研究者周昆的工作是通过算法创造一个数字世界。如今他已经设计出许多具体的应用：他研发的电影渲染软件 RenderAnts 运行速度是皮克斯的 RenderMan 的 10 倍以上；他提出的基于单幅图像的真实感头发建模和数字化身构建技术，已经授权给包括迪士尼、欧莱雅在内的全球 1000 多家企业；他发明的"计算水转印"技术改造了一项广为使用但缺陷明显的传统工艺……

　　我们无法把这些工作与人类的未来直接联系起来，但它们的确不可被低估。它们是人类通往"数实共生"路上的一块块具体的砖石，在提示着我们的未来——比如，我们将生活在一个越来越真假难辨的世界，以及我们也许都将在数字世界里得到"永生"。

计算机图形学：构建惟妙惟肖的数字世界

未来的我们，可能"活"在两个世界里。

一个是我们早已习惯的现实世界；另一个是曾经在我们对面、供我们浏览的互联网世界，我们将"身临其境"。比如，身处异地的两个人在虚拟世界里见面，会感觉像在现实中见面一样。如果你坐在我的右边，"当你说话的时候，声音就从我的右边传来"。或者，"你将能够作为全息图坐在我的沙发上，或者我将能够作为全息图坐在你的沙发上"。

周昆对这个未来充满期待。他45岁，是浙江大学计算机科学与技术学院教授，一直专注于计算机图形学、虚拟现实及相关领域的研究。从大学三年级第一次进实验室算起，周昆在计算机图形学领域已经工作了近30年。

一方面是个人情感层面的期待，在越来越逼真的数字世界里，计算机图形学将是支撑其发展的关键技术，这意味着他和他的同行将得到一个更大的舞台。另一方面，他相信，在未来，数字世界会变得越来越丰富，也越来越重要，数字世界与现实世界将发生越来越深的融合，它们相互渗透，彼此影响。

周昆不愿过于具体地预测未来，"不同的人有不同的视角，我可以想象未来是一个什么样子，但你不见得会认同"，但有一点他很笃定：3D创作将会成为核心内容。就像PC（个人计算机）互联网有文字和图片，移动互联网有短视频，新世界里将会有3D内容创作。到那时，普通用户通过简单的描述就可以创作出属于自己的动画，就像现在发微博和制作短视频一样简单。

关于这一可能的未来，三维虚拟现实和增强现实领域的法国计算机科学家给出过更具体的细节，他们在2017年出版的书里想象，2027年9月6日，21岁的大学生玛丽（虚构人物）的一天是这样度过的：

早上醒来第一件事是戴上配有传感器系统和显示系统的隐形眼镜，然后穿上"高科技"衣服，它可与米粒大小的体内微型计算机通信。她有晨跑锻炼的习惯，穿戴完毕后便走到家中的"锻炼区"，开始与几位朋友"一起"晨跑。尽管他们的"肉身"都在各自家中，但他们的数字分身"相聚"在了虚拟世界里的挪威峡湾，在这里，他们可以像在现实世界里一样随意交谈，也可以看到彼此的状态好坏，甚至能够倾听彼此的呼吸。

到学校后，上课用的也是一套专门的设备（就藏在座椅的扶手里），学生们通过它进入虚拟世界，虚拟世界里的教学方便学生"更好地理解某些复杂的概念"。实验课上，解剖用的人体头部模型是数字化的，但看起来像真的一样，学生也能"触摸"到；练习网球时，"她的隐形眼镜会显示她发球的图像、球的轨迹以及球与网的碰撞，这样她就可以完全沉浸在训练中"；电视剧不再有固定的情节，"任何人都可以随意进行选择或混合"，"一千个人眼里有一千个哈姆雷特"不再仅停留在审美和理解的差异层面，而着实成了客观事实。

这样一个新世界的搭建，离不开计算机图形学。

如果将虚拟现实比作人，那么计算机图形学所做的，就相当于在构建虚拟现实的"肉身"（人工智能相当于在构建虚拟现实的"灵魂"）。就像画家用画笔和颜料将他们看见和想象的三维世界转化为画纸上的二维世界，计算机图形学是用算法将三维世界转化到计算机屏幕上。一言以蔽之，周昆和他计算机图形学的同行们做的工作，便是通过算法创造一个数字化的世界。

计算机图形学的起点是伊万·萨瑟兰（Ivan Sutherland）在1963年完成的交互式绘图系统"画板"——这符合我们对"计算机图形学"的直观印象——它最初的确就是研究如何用计算机显示图形，但它也像整个计算机科学一样，不断地在往更复杂、更高效和更智能的方向发展。现在，像《阿凡达》《玩具总动员》《少年派的奇幻漂流》这样的电影，以及画面越来越逼真的游戏，都有计算机图形学的重要贡献。从一个计算机科学家的视角看，帮助导演创造出电影里栩栩如生的角色和环境，以及未来可能的全真互联网所需要的更为复杂的计算机图形学技术，与当初萨瑟兰写出"画板"程序并无本质的不同。它们都是在将现实世界数字化，背后的支撑力都是算法与计算。

对普通公众来说，计算机图形学研究者的工作通常具有双重色彩。一方面——如果延展开来讨论的话——他们的工作很有科幻感，很"酷"；另一方面，他们的日常对普通人来说是枯燥乏味的，他们每天打交道的都是很具体的一个个问题和一堆外行人看不懂的公式、算法。他们与"科幻"的关系更多在于，他们的工作提示着我们的未来，他们是我们通往"数实共生"之路的铺路人。

"蚂蚁"的革命

不过,计算机图形学研究者的乐趣,往往不来自于对未来的宏观构想。算法及其所附着的东西——高深也好,枯燥也罢——才是他们真正的乐趣所在。

"我可以不停地去探索一些未知的东西,现在没有人能做出来的东西。这肯定是一个很新奇的(体验)。"周昆说。

周昆很懂这当中的乐趣。比如,他提出的基于单幅图像的真实感头发建模、数字化身构建技术,已经授权给包括迪士尼、欧莱雅在内的全球1000多家企业;他提出的纹理映射的网格参数化方法也被游戏产业广泛采用……"很多这样的例子"。

计算机图形学的表达早已融入了我们的生活。"桌面""图标""窗口",我们在使用个人计算机时早已习以为常的操作,其实都是通过图形来进行的。20世纪80年代之后,开始有了"真实感图形绘制"的研究,到了周昆入行时的90年代下半叶,"实时计算机图形学"诞生,而2010年以后,"智能图形学"兴起了。

计算机科学技术的迭代往往是需求触发的,计算机图形学需要解决的核心问题常常是,如何让虚拟世界更逼真?越逼真,意味着需要的数据量越大,那如何解决计算速度问题?"真实感图形绘制""实时计算机图形学"都致力于解决真实感和计算效率协同的问题。

近些年,随着人工智能的再次兴起以及深度学习等技术的发展,图形学的智能化也成为研究者关注的议题。它研究的是,在创造虚拟世界的这个领域,如何让机器代替(至少是部分代替)

人的工作。

科学研究的路上总摆着各种问题，关键问题总是格外醒目。但选择什么问题去解决，能最先解决什么，以及解决的方式是否巧妙、简洁和优雅，这是将科学家以及他们的研究区分开来的核心要素。

在周昆看来，选问题在科研工作中"可能是最重要的"，"你到底要解决一个什么问题，这个到后面可能是你的品位问题"。周昆的研究习惯是先选定一个"大的问题"，然后接下来5~10年都围绕着这个问题去开展研究。"大的问题"意味着它是一个系统工程（当然，从整个学科的角度看，它依然是一个"点"），解决它的过程中要解决和突破一系列的问题。

以周昆和他的团队于2011年开发的RenderAnts为例。RenderAnts是完全在GPU上运行的电影渲染系统，首次实现了将电影渲染流水线的所有阶段映射到GPU上运行。当时，工业界广泛使用的渲染工具是RenderMan，由皮克斯研发，《阿凡达》《玩具总动员》这些我们耳熟能详的电影都是用RenderMan做图像渲染的。同样的渲染效果，周昆团队开发的RenderAnts，速度是RenderMan的10倍以上。RenderAnts就来自周昆于2008年刚从微软亚洲研究院回到母校浙江大学的时候选定的一个"大的问题"——如何在GPU上做电影渲染。这是当时同行们普遍关注的待解难题。

这里先简单介绍一下"渲染"。电影或游戏里的动画场景呈现在观众面前之前，一般需要经历五道主要的工序（计算机的行话叫pipeline，中文翻译为"管道"或"流水线"）：建模（modeling），动画（animation），渲染（rendering），交互，后处理。

这五道工序，通俗地讲，建模与动画都是创建"骨架"，只不过一个是静态模型，一个是动态模型；渲染是添加纹理、阴影等更多的细节，让它成为我们最终看到的样子；交互，就是增加互动功能；后处理则相当于文章发布之前的编辑和图片发布之前的处理。很多研究者会待在其中的一两个领域，周昆对五个领域都有涉猎。

在 RenderAnts 出现之前，电影渲染都是基于 CPU 的。CPU 服务于通用计算，GPU 则是因图形处理这一特殊目的而发展起来的专用处理器。二者的区别，从周昆为他的软件取的名字 RenderAnts 与皮克斯的 RenderMan 之间的对比可以看出来：RenderMan 在 CPU 上进行的串行计算像是一个超人独自作战，而 RenderAnts 在 GPU 上进行的并行计算则像是很多个小蚂蚁一起协同作战；超人擅长复杂的计算，小蚂蚁只能做简单的计算。

如果面前是海量的简单计算，显然小蚂蚁一起工作，要比超人效率更高。GPU 一般进行的计算都属于此类，即"规则数据结构的规则运算"，但电影渲染涉及的是复杂的计算，是"不规则数据结构的不规则运算"。到了 2007 年前后，随着 GPU 的发展成熟，一个问题就出现在了研究者面前：如何让电影渲染也搭上 GPU 的效率便车呢？

GPU 效率高，但在 GPU 上做"不规则数据结构的不规则运算"需要强行把不规则的东西变成规则的，这当然是要付出代价的，问题的核心是，如何以尽可能低的代价实现这种"映射"？

研发 RenderAnts 的过程，用周昆的话说，便是"逢山开路，遇水搭桥"。数据结构的问题要解决——这些不规则的数据结构，怎么在 GPU 里构建和访问？算法的问题要解决——比如说，一道光线，照到物体表面会发生反射，有时可能还会发生二次反射，这一类的不规则计算如何"映射"到 GPU 上？还有编程和调试的问题，在 GPU 上写程序并不是一件容易的事，现有的编程语言和调试程序都"不好用"，"效率太低"，那就只能自己去开发 GPU 的编程语言和调试工具，这就好比搭桥之前还要自己去制造搭桥的工具。

现在回过头看，RenderAnts 对周昆来说是一个"集大成"的工作，多个不同细分领域的研究经验都用得上，并且产出了"副产品"。他和他的团队在向 RenderAnts 进发的过程中，"顺便"做出了两项开创性工作：提出了新的 GPU 并行算法和更高效的编程语言，"让 GPU 程序像串行 C 语言程序一样易于阅读、编写和维护"。这有些像一个人出发去寻找宝藏，旅途中，他做生意赚了钱，买了越野车，还在阻拦去路的河上修了桥，当他解决沿路所有难题找到宝藏的时候，那价值连城的宝藏倒更像是一项水到渠成的嘉奖了。

寻宝的路上修了一座桥，这个比喻如果用到整个计算机图形学领域也是合适的。除了像电影渲染、数字人这样的常规研究领域，计算机图形学还有一些衍生的"领地"。比如，基于 GPU 的通用计算。尽管 GPU 最初是为图形处理而生的，但后来人们发现它擅长大规模的数据并行计算（很多小蚂蚁一起协同作战）的优势可以为其他领域所用。深度学习（deep learning）就从 GPU 的发展中受益良多，如今绝大多数的深度学习系统训练和实时运转都需要用到 GPU。于是，基于 GPU 的通用计算也逐渐演变为一个成熟的研究课题和领域。

行走在两个世界之间

　　计算机图形学不断演化，涉足的"领地"越来越多，周昆自己的研究也是。2005年的时候，他做过一个研究，是用计算机生成有丰富纹理图案的数字模型。10年后，他开始研究如何打印出有丰富纹理图案的实物模型了。

　　2015年，周昆的团队发明了一种名为"计算水转印"的技术，尽管这不属于他所说的那种"大的问题"，但他很喜欢这个"有特色"的"小"项目，它的产生与产业发展、"技术的梦想"无关，而是源于平日"零零散散的灵感"。

　　生活常常是灵感的来源，而计算机图形学几乎就是周昆生活中最主要的方法论。碰到一个新玩意儿，他第一个念头经常是，能不能使用计算机图形学的方法将它变为"可计算的"？习以为常的东西说不定也会触发灵感的开关，比如有天他突发奇想：人类的发声过程可不可以拆解，用计算机模拟出来？从胸腔到口腔到鼻腔，可不可以为声音产生和传播的过程建立一个可计算的模型？如今的计算机图形学早已不只与"图形"有关，它涉及整个虚拟环境的构建，比如在游戏里，除了有画面，还有声音，其中的画面和声音都属于周昆的研究范畴，背后的研究方法也都是相通的。

　　计算水转印这个题目源于他偶然看到的一个视频。视频介绍的是一个有几十年历史的传统工艺——水转印。他的方法论又登场了：能不能用计算机图形学改进这个传统工艺呢？

　　水转印目前广泛应用于汽车、家具，以及各类电子产品表面的着色环节。它的基本工序是：先将图案打印到一张高分子水转印膜上；然后将膜放到温水里，作为载体的高分子膜在水中溶解后，作为承载物的图案（颜料）会在水面形成一层黏稠的薄膜；最后将需要着色的物体浸入水里，图案便附着在物体表面了。这是一个利用物理和化学规律进行的巧妙设计，但它有个很大的缺陷：水转印的过程是手工操作完成的，它只在图案不需要与物体表面位置精确对应着色的情况下适用，如迷彩、大理石和木纹等图案。

周昆用半年时间实现了他的想法，发明了计算水转印技术。它的核心突破在于，通过设计算法，将设计师的三维设计图"降维"为打印机可以制作的二维"展开图"，并对水转印过程中水转印薄膜的形变进行物理建模，进而得到三维设计图与膜上的每一个点的映射关系，实现了"瞄准"，这样一来，手工操作的偏差就被避免了，因此计算机水转印又被称为"三维曲面精准着色技术"。

计算水转印技术发布后，它极具想象力的应用前景吸引了上百家企业，产业界希望周昆团队能继续研究和完善这项技术，让它真正实现产业化——周昆自己也很想做这件事，不过由于缺乏合适的团队，加之自己精力有限，这件事直到现在还被搁置着。

计算机水转印这个"小"技术，不仅震动了工业界，还清晰地提示出，计算机图形学不光关乎如何创建一个更逼真的数字世界，还涉及"逆反应"，即从数字世界回到现实世界，这里也有许多工作可以做。计算机图形学创建的虚拟世界除了可以直接观看和使用，还可以成为虚拟实验室，目前商场装修和自动驾驶已经在使用这项技术了。商场发生火灾如何疏散，自动驾驶的安全性如何，这些都很适合用仿真测试，而测试的准确性正与虚拟环境的逼真度有直接关系。

"你创建了一个足够逼真的数字模型以后,就能够服务于真实场景的很多仿真。某种意义上来讲,它其实是站在更高层级上——你已经开始具备一个可以自己运作的世界,它可以帮助你(进行)很多的认知和决策。"周昆说。

在日复一日的工作中,周昆逐渐明确,计算机图形学研究者"就是在这两个世界之间"行走的人,他们一直不辍思考,两个世界之间该如何"互相转化,互相影响"?

"永生"

受限于计算能力,虚拟世界往往只是现实世界的一种近似。近似,意味着很多细节被忽略和舍弃了。从某个角度来说,计算机图形学的发展是一个将曾经被忽略和舍弃的细节重新加以考虑的过程。正是从这个角度来说,虚拟的世界会越来越"真实",无论是视觉效果还是人在其中的体验。"虚拟现实"的英文词"virtual reality"中的virtual本意是"几乎像真的一样"。澳大利亚哲学家、认知科学家大卫·查默斯(David Chalmers)在他的《现实+:每个虚拟世界都是一个新的现实》中预测:"在一个世纪内,我们将创造出与真实世界难以区分的虚拟现实。"

目前,周昆及其团队的一个工作重点是"新一代三维数字化技术"的研究。所谓"新",其实就是运用最新的技术成果,采用新的思路,让"人""物""景"的数字化更加逼真。就拿"物"来说,原先只考虑物体的几何形状,现在物体表面的"流光溢彩"

也必须被考虑进来。

计算机图形学的研究成果以一种非常直观的形式体现在电影和游戏之中。在20世纪六七十年代，出现在电影中的动画真的只是一些可以动的画面，比如在1977年的《星球大战》中，反叛军训练用的3D动画只是一些由线条组成的（可以动的）示意图，与现实中的真实场景毫无关系。但到了30多年后，《阿凡达》中的一切都变得栩栩如生；《少年派的奇幻漂流》也是如此——你几乎很难想象里面让人恐惧的老虎、波澜壮阔的大海都是计算机图形学的产物，饰演主角派的苏拉·沙玛面前实际上只有一个21米长、7米宽、1.2米深的大水槽和只存在于想象中的老虎。游戏也是类似的，最初只有一些像《俄罗斯方块》这样的简单游戏——简单的图形，简单的移动方式，而如今，很多游戏的画面都像制作精良的高品质电影，"几乎像真的一样"。

增强现实也是周昆很感兴趣以及接下来想探索的一个方向。虚拟现实是在现实世界之外另造一个以假乱真的现实，而增强现实则是在现实世界之中"嵌入"虚拟的事物。这是从另一个方向模糊现实与虚拟之间的界限。

这在商业上会很实用，比如，在一个已经制作完成的真实拍摄的视频里，任意植入A品牌、B品牌、C品牌……的动画广告，这样一来，已经被电商网站广泛使用的"千人千面"将会出现在我们看到的视频里。从观众的角度看，"真"与"假"的界限消失了，看似真实拍摄的视频里面，混进了一些虚拟的画面，而我们毫无察觉。周昆预测，未来5~10年，这方面的技术可能会有一个突破性的进展。

在周昆看来，同样会在不远的将来有突破性进展的是数字化身。他觉得，也许5~10年后，每个人都有一个数字化身，就像互联网上每个人都有ID一样。它也许会成为新的个体记录的方式，就像全家福、个人写真甚至家谱曾经发挥的作用一样。

"我其实对'人'这件事情感兴趣的程度，要超过对'物''景'感兴趣的程度。我觉得这可能是人性的追求，因为人总想追求永恒，这个是比较深层次的（话题）。"周昆说。从某种意义上讲，在未来，人类期待的"永生"也许会以数字化身的形式实现。

目前，"数字永生"已经以一种尚显初级的方式进入少数人的现实生活。2020年，美国知名女星金·卡戴珊收到了一份特别的40岁生日礼物，她的丈夫找到一家视觉制作公司，花了一个多月的时间为她已故的父亲制作了一个"全息影像"。视频中，与父亲神似的数字人回忆了他们一起的时光，对卡戴珊说了一堆赞美和祝福的话，就像他仍然活着、在为她录生日祝福视频一般。卡戴珊和家人们"怀着深情看了一遍又一遍"。

只是，目前的数字化身还需要发展更多的"心智"（否则只是看起来像真人而已），以及更高的效率、更低的成本。前者是人工智能研究者的工作范畴，以ChatGPT为代表的语言大模型技术代表了当前的最新发展趋势。后者则是周昆的工作。他接下来正想在这一方面有所突破，他想让制作数字人这件如今成本高昂、耗时漫长的事情变成一个普通人可及的日常行为——"我在手机上拍一些照片，之后我就可以做一个非常逼真的数字人出来"。

无论是数字化身还是虚拟世界，本质都是人类为（某种程度上）突破现实限制所做的努力。纵观人类的历史，人类一直走在通往"虚拟"的路上,并且越走越远:从早期的小说、戏剧到 19 世纪末出现的电影,再到如今的互联网、游戏、虚拟现实,以及未来可能出现的全真互联网……即便是虚拟现实,这一想法也可以追溯到 6 个世纪前。1420 年,一位意大利工程师就在他名为《战争器械之书》(*Bellicorum instrumentorum liber*)的书里描述了一种"可以将图像投射到房间墙壁上的魔灯"——"让人想起几个世纪后由伊利诺伊大学的卡洛琳娜·克鲁兹－涅拉等人开发的大型沉浸式系统 CAVE"——那是一个人人都是"阿凡达"的世界。

这就是我们不可低估计算机图形学的原因,因为其中可能藏着人类未来的密码。不过——未来也许终将到来,但还不至于那么快(虚构大学生玛丽的三位法国科学家可能过于乐观了一些)。以真实世界为参照标准的话,目前的虚拟世界依然初级而简陋。周昆承认,虚拟世界做到可以与真实世界的体验和交互相媲美的程度,"非常困难",有"很多的问题"尚待解决。但这也正是周昆和他的同行们的工作机会,他们正是解决问题的人。

对话周昆——未来的"人",有自然人,有机器人,有数字人

杨国安: 从物理世界到数字世界这方面,你的主要研究方向是什么,在突破什么东西?

周　昆: 我要把真实世界做成一个数字模型,这里面会涉及两个问题:第一,是不是足够逼真,按我们的说法是,真实感到底怎么

样？第二，你的整个算法或者你的软件的性能到底怎么样。真实感越强，计算越多、交互越多，所以真实感与性能是一对矛盾。

如果我们不计代价和成本，这个事情可以做到什么程度呢？比如人的数字化，诸如好莱坞的工作室已经可以做得非常逼真了。英伟达的黄仁勋在 2020 年做过一个演讲，这个演讲实际上是把他家的厨房，甚至他本人全部数字化下来，现在这在技术上已经可以做到了，也就是逼真度现在可以做得很好了。（但）英伟达可能需要二三十个程序员花半年时间才能够把它做得那么好。

我们想要把这件事情简单化，就是一个普通用户用手机拍一些照片，通过这些照片他就可以做一个非常逼真的数字人出来，这是我们想要突破的一件事情。这件事情，现在技术上还做不到。

杨国安： 听起来你的努力方向——更加真实，算法更加高效，然后更自动化，更容易操作——普罗大众都可以受益，但是模型，普通大众应该搞不定吧，渲染也搞不定……

周　昆： 普通人不用去碰这个。过去计算机图形学最典型的应用，一个是游戏，一个是电影。但是针对游戏和电影，我们做出的这些工具和算法，其实都是给艺术家用的。而现在，从技术的观点来看，有点儿像腾讯之前提到的所谓"全真互联网"这个概念：从 PC 互联网，到移动互联网，再往后发展，如果我们认为"元宇宙""全真互联网"是下一步的发展目标，那整个互联网的内容形式，会从过去的文本加图像，加视频，发展到加 3D 的内容。不是说 3D 内容一定把图像和视频给替代掉，它是一个"+"的关系，不同形式的内容之间会相互转化。

为什么会相互转化？想想专业的美术人员对一个场景的创作，他们用工具很辛苦地做出来。但是我们人的想象力是非常丰富的，比如从前有座山，山上有座庙，庙里有两个和尚，山下有一条河……这样一描述，其实你脑子里已经有了画面。未来，我们希望普通人能够具备这样一个能力：只是去描述一些事情，然后动画就能将这些全部构建出来。这是一个大的发展趋势。

杨国安： 每个人对山的样子、想法都会有不同。

周　昆： 虽然我们脑子里面都会出现一座山，但是每个人想象的山都不一样，那两个和尚，大家想的也不一样。不过我们觉得，从内容创作的角度来看，如果 3D 的内容是元宇宙的核心要素，那么一定要把工具和算法做到普通人就能够用的水平，这样才能创建出足够多的内容。我讲的 3D 是说它在计算里面有一个 3D 模型，但是最终呈现出来的，你看见的，还是视频。

深度学习给这件事情带来的最大机会就是使得 3D 内容的创作，有可能做到互联网这种体量和规模，只有做到这样一个规模，才可能有足够多的内容。

我们以前看电影，比如说皮克斯的电影，它质量很高。电影把科学和艺术结合到顶尖水平，但是它的成本太高、周期太长；还有一点，每个人看的电影都一样，它是没有个性化的。内容要到互联网规模和体量的话，一定要做到每个人都可以定制，像短视频，每个手机用户都可以随手拍。就像以前图像处理是有专业软件的，这个软件只能在 PC 端用，但后来处理图像的企业把给人拍照这件事情做到最傻瓜。之前，视频的各种专业后期处理编辑软件也只能在 PC 端用，甚至要功能很强的 PC 才能用得很好，但现在有了短视频剪辑软件，就把这件事情做到了足够简单，就可以让大家去创作很多内容。我们认为在 3D 的阶段也是一样的。

杨国安： 你觉得技术上要多久才能够实现简单易行的 3D 创作？

周　昆： 我觉得这件事情至少还要 5~10 年，不过也看要做到多复杂。我们目前主要在单个的点突破，还没有把它们连成线和面。我们讲人、物、景，但最终还是需要把这些元素串起来，形成"故事"。就像好莱坞拍电影要有一个剧本，3D 创作也是要想办法到达故事层面的。

要做一个通用的东西是很难，但是一些特定的场景，比如虚拟直播带货，可能就比较好做，一个主播，一些商品，再加上背景、一些互动，这是比较好设计的。但是如果到达一个通用的层面，这个事情就会非常有挑战性。从我们的角度来讲，技术一定会往通用的方向发展，但我们不会等到 10 年之后，（等所有的环节都成熟了）才真正应用，我们会探索在中间的某一些应用场景下，这个（"点"上的）技术是不是能够真正用起来，所以我们会做一些两到三年之内马上就能应用的技术。

杨国安： 通过一个简单的描述就能创作一个虚拟的视频，这也是在 5~10 年内能实现的吗？

周　昆： 对于这个事情，我没有那么乐观。简单地做总是可以做的，但是能做到大家的体验很好，有很多的创作者都愿意去用，我觉得这个可能没那么容易……这其实是现在非常热门的一个研究方向，叫 AIGC，就是人工智能生成内容。现在 AIGC 做的就是，比如我描述"一个老人戴着一顶帽子"，敲这么几个字，它就可以生成一个图像，甚至很多图像，图像里面都是一个老人戴一顶帽子。但是到现在它也只是在图像的范畴，如果描述动态，比如说"这个人去喝水，站起身来走到门外，打开了灯"，你想要对此生成一段视频，现在它还做不了。三维的模型，三维的场景，三维的动画，那就更做不了了。

杨国安： 从技术发展的角度，请你展望一下未来 10 年，虚实融合对我们的日常生活有什么样的改变。

周　昆： 从技术化角度来看，我还是对元宇宙、全真互联网这个概念——尽管是概念——充满了期待，因为我觉得这里面 3D 内容的渗透会越来越深入。

我觉得未来——不见得是 10 年——每个人的数字化身，甚至会像我们现在的身份证系统一样。比如二三十年前，每到过年的时候，家里就要拍一个全家福，这实际上是对此刻的记忆；现在还有很多人会去拍写真集，或者婚纱照，其实都是要去纪念这件事情，是一种留影，把这件事记录下来。

从我们做这个技术来看，数字化身是全息的记录，不只是一个状态的记录，而是可以互动的。打个比方来说，这个时候的"我"可以全部被数字化，这个"我"是可以跟未来的"我"进行互动的。我的小孩十二三岁了，其实他三四岁的样子，我的记忆已经很淡了，我们那个时候拍了很多照片、视频，但实际上很少有机会去翻，数据量太大了，但如果把那个时候的孩子全息记录下来，它能供我们之后随时翻看，还能跟我进行互动对话，这会是非常了不起的事情。

杨国安： 数字人这块，将来（比如说 5 年后）技术比较成熟的话，大概是什么样的应用场景？

周　昆：我觉得有很多，泛娱乐、泛社交都会有。数字人是三维的、全息的，如果做得好，可能会变成类似于身份认证系统。因为在数字世界里面，人总归是要有一个映射的，那么数字化身就是这个映射。除此之外，在未来的世界里面，我们觉得还会有很多不是对应到真实人的数字人。这些人可能就像现在的人工智能（产物），有点像助手，或者是虚拟人，可以干各种各样的工作，有各种各样的任务。未来的"人"，有自然人，有数字人，有机器人。

杨国安：你觉得哪些技术对人的生活是真正有帮助的？哪些是你期待度比较高的？

周　昆：我对"人"感兴趣的程度，其实要超过对"物""景"感兴趣的程度，我觉得这可能是人性的追求，因为人总想追求永恒，这个是比较深层次的话题。

杨国安：数字永生？

周　昆：这个我感触会比较大。另外，如果要说对生活的影响，其实我对制造这块儿比较感兴趣。之前大家做了很多，都是在数字世界做，回到真实世界（的事情）会少一些，但是现在已经有了这个趋势，最终是要将数字世界和物理世界融合在一起的。融合的方式，数字化的也可以，但是如果通过一个物理的方式融合，落到一个实实在在的产品上，我自己会觉得成就感更强一些。

致谢

从产生想法,到这本书完成,经历了大约两年的时间。我要特别感谢所有受访的科学家(按书中章节排序):李毓龙、刘颖、鲁伯埙、陈鹏、周斌、周欢萍、马丁、郭少军、巩金龙、王书肖、山世光、杨玉超、赵巍胜、陈宇翱、周昆,感谢你们卓越的工作和科普的耐心。感谢薛其坤校长和马化腾先生拨冗作序,感谢陆奇先生倾情推荐。感谢腾讯社会价值中心参与访谈支持与书稿编辑的林珊珊、张蕾,参与协调支持的肖黎明、傅剑锋、刘洋、孔鹏,SSV科技生态实验室参与协调支持的王妩蓉、李越琪、周昌华、陈静等也做了大量扎实的工作,促成了本书;感谢张寒、姚璐、张莹莹、张跃、陈璇、朱柳笛、罗婷、罗芊、王双兴、冯颖星、李斐然、任航、赖祐萱、戴敏洁、王媛、刘磊、林秋铭为访谈整理提供了极大的支持,感谢插画作者刘宇然、设计师骆玘,感谢中信出版社及编辑黄维益、徐丽娜和刘婷婷全程的付出与陪伴。